新工科·新形态 智能制造系列教材

智能制造工程综合训练

刘金锋　周宏根　孙志莹　主编

电子工业出版社
Publishing House of Electronics Industry
北京·BEIJING

内 容 简 介

本书致力于探索智能制造技术的核心概念、最新发展和实际应用，深入浅出地介绍了智能制造的基本原理、关键技术和典型案例，涵盖了传统制造到数字化转型的全过程。读者将通过本书全面了解智能制造的前沿动态，掌握相关技术的实践应用，从而在实际工作中更加高效地运用智能制造技术。

本书适合广大工程技术从业人员及对智能制造技术感兴趣的读者阅读，特别是工业界的技术管理者、工程师和决策者，他们可以通过本书系统地了解智能制造技术的最新发展趋势，为企业的数字化转型提供理论支持和实践指导。同时，本书也适合大学生、研究生及相关专业的学习者阅读，并可作为智能制造领域的入门教材或参考书籍，帮助学生建立扎实的理论基础和提高技术应用能力，为未来的职业发展打下坚实的基础。

图书在版编目（CIP）数据

智能制造工程综合训练 / 刘金锋，周宏根，孙志莹

主编. -- 北京：电子工业出版社，2024. 6. -- ISBN

978-7-121-48273-1

Ⅰ．TH166

中国国家版本馆 CIP 数据核字第 2024VQ2570 号

责任编辑：张天运

印　　刷：涿州市京南印刷厂

装　　订：涿州市京南印刷厂

出版发行：电子工业出版社

　　　　　北京市海淀区万寿路 173 信箱　　邮编：100036

开　　本：787×1092　1/16　印张：11.5　　字数：294.4 千字

版　　次：2024 年 6 月第 1 版

印　　次：2024 年 6 月第 1 次印刷

定　　价：45.00 元

本书编写成员

主编：刘金锋　周宏根　孙志莹

参编：卜赫男　孙　震　王剑桥　陈　宇
　　　谢　阳　刘　勇　康　超　邓　博
　　　仇　海　裴永胜

前　言

制造业是立国之本、强国之基。《"十四五"智能制造发展规划》指出，智能制造是制造强国建设的主攻方向，其发展程度直接关乎我国制造业质量水平。发展智能制造对于巩固实体经济根基、建成现代产业体系、实现新型工业化具有重要作用。智能制造作为工业 4.0 战略的核心组成部分，融合了智能控制技术、人工智能技术、物联网技术、大数据技术等前沿科技，旨在通过智能化的手段大幅提升制造业的效率、质量和灵活性，引领制造业向数字化、智能化转型。因此，培养掌握智能制造相关理论知识与实践技能的高素质人才，对于促进国家和社会的科技进步与产业升级具有重要意义。

本书以新一代智能制造理念为起点，旨在为广大读者提供一个系统、深入、实用的学习平台，帮助读者从多维度去理解智能制造的基本概念、关键技术及其应用场景，培养学生的实践能力和创新思维。本书内容涵盖智能制造的基础理论、关键技术、系统集成及工程实用等多个方面，特别强调理论与实践的结合，旨在通过综合训练提升读者解决实际问题的能力。

全书分为两篇，分别为智能制造技术基础和智能制造技术应用案例，共 15 章。第 1 章主要介绍智能设计技术的基本概念与发展，并对智能设计的关键技术进行分析。第 2 章为智能加工技术，主要介绍智能加工的技术内涵、机床智能加工技术、3D 打印技术、激光加工技术、复合加工技术。第 3 章为智能控制技术，主要介绍智能控制系统、基于神经网络的智能控制技术、仿人智能控制等。第 4 章为车间智能管控技术，主要介绍车间管控技术的发展、RFID技术、物流仿真技术及应用案例、智能调度技术。第 5 章为智能运维技术，主要从状态数据处理、状态特征提取、状态异常检测和状态故障诊断 4 个层面进行介绍。第 6 章为智能制造系统使能技术，主要介绍智能制造系统的主要模型、使能技术、关键装备、组织形式、运行管理，以及智能制造系统的典型应用案例。第 7~15 章主要介绍智能制造技术综合训练项目，包括加工仿真与验证项目、运动控制器认知及应用项目、柔性产线仿真项目、智能运维测试项目、数字孪生产线搭建及应用项目、机器视觉应用项目、仓储物流仿真项目、物料分拣项目和工业机器人应用项目 9 项内容。

本书采用了大量的案例分析、实验操作和项目实训等方式，让读者在学习的过程中能够更加深刻地理解智能制造的内涵和应用，培养读者的工程实践能力和创新能力。同时，在本书的编写过程中，我们邀请了多位智能制造领域的专家学者参与，力求内容的权威性、前瞻性和实用性，他们为本书多个章节的素材编写付出了辛勤劳动，谨在此表示衷心感谢。智能制造涉及的知识面越来越广泛，而且是一门持续发展的交叉学科。由于编者水平有限，书中不妥和错漏之处在所难免，恳请广大读者批评指正。

编者

目　录

第一篇　智能制造技术基础

第二篇　智能制造技术综合训练项目

第一篇 智能制造技术基础

第1章 智能设计技术

1.1 概述

设计是人类智能的体现，其本质上是一种创造性的活动。在传统的设计中，设计智能化主要体现在设计专家的脑力劳动中，对于具有复杂性特征的实际工程问题解决和重大装备产品设计，传统的设计方法和思路越来越显现出局限性。智能设计围绕计算机化的人类设计智能，旨在讨论如何提高人机设计系统中计算机的智能水平，使计算机更好地承担重大装备设计中的各种复杂任务，它具有重要的研究价值与意义。从知识处理的角度来看，智能设计可以概括为知识的获取、表达、组织和利用。按设计能力划分，智能设计可以分为常规设计、联想设计和进化设计三个层次；按设计过程划分，智能设计可以分为自上而下的设计（"符号处理法"）和自下而上的设计（"子符号法"）。

智能设计是当今非常活跃的前沿研究领域之一，既富有吸引力，又具有挑战性。完善的智能设计系统是人机高度和谐、知识高度集成的人机智能化设计系统，它具有自组织能力、开放体系结构和大规模知识集成化处理环境，可以为设计过程提供稳定可靠的智能支持。

1.2 智能设计的基本概念

1.2.1 智能设计的产生

设计是一种与人类智能相关的创造性活动，其中的创造性主要是指设计的结果是客观物质世界中存在的尚不明确的事物。设计这种创造性活动实际上主要是指对知识的处理与操作，因此设计创造性活动最显著的特点就是智能化。智能设计系统在求解问题时，不仅需要基于数学模型完成数值处理这类具有定量性质的工作，而且需要基于知识模型完成符号处理这类具有定性性质的推理型工作。在以往的设计中，设计智能化主要体现在人类专家的脑力劳动中，其中对知识的处理和操作具体表现为人类专家的逻辑推理等思维活动，计算机的出现和飞速发展为模拟人类专家的上述设计思维过程提供了契机。

智能设计的产生可以追溯到专家系统技术早期应用的年代。美国的数字设备公司（DEC）用专家系统并根据用户订单对 VAX 型计算机进行系统配置，计算机系统配置的专家系统（XCON）集中了该公司 VAX 型计算机系统配置专家的大量知识，因而可在众多可能的配置方案中选择最合理的方案，使得计算机系统硬件配置这一订货工作中最困难和技术性最强的问题可采用自动化的方法解决。该专家系统投入使用后，DEC 处理用户订单的速度迅速加快，大大节省了雇用专家的开支，设计成功率可达 95%。在设计过程中，非结构化问题有很多，它们难以用数学模型描述，无法使用数值方法求解。要实现这类问题求解的自动化，只能借助人工智能技术。因此，在实现自动化的求解设计过程中涉及的大量非结构化决策问题是智能设计产生的背景之一。

另外，在设计中还有大量的其他问题，虽然它们可以用数学模型来描述，但由于问题的高度复杂，无法用数学方法找到精确解，只能借助经验性的方法求得近似解，这些问题具有"组合爆炸"的特点，问题空间巨大，难以找到可行解。对于这类问题，人类专家具有特殊的求解经验，可以根据问题的特点和约束大大缩小解空间，可以在有限的时间内得到工程上可行的或令人满意的解。

非结构化问题求解及高度复杂问题求解是智能设计产生的原因，正处于发展的初级阶段，其共同特点就是采用了单一知识领域的符号推理技术——设计型专家系统。用于产生满足约束条件的设计型专家系统具有以下特点。

（1）设计结果的多样性和可行性；

（2）设计任务的多层次性和多目标性；

（3）计算与推理交替运行的操作环境；

（4）问题表示、求解策略和方法的多样性；

（5）结构问题的求解和知识表示；

（6）再设计的复杂性和问题的组合爆炸；

（7）求解问题解释的复杂性。

设计型专家系统对于设计自动化技术从信息处理自动化（数值或图形处理）走向知识处理自动化（符号及逻辑处理）有着重要意义，它使人们看到计算机不仅能帮助人处理信息，而且可以基于人类专家的经验和知识帮助设计者进行决策。设计型专家系统的开发对于更高水平的设计自动化具有不可低估的作用，智能设计就是由设计型专家系统发展而来的。

1.2.2 智能设计的内涵

智能设计可以一般性地理解为计算机化的人类设计智能，它是计算机辅助设计（Computer Aided Design，CAD）的一个重要组成部分。因此，从 CAD 的发展历程入手，对智能设计的概念内涵加以说明。以算法的结构性能分析和计算机辅助绘图为主要特征的传统 CAD 技术在产品设计中获得广泛应用，已成为提高产品设计质量、效率和水平的一种现代化工具，从而引起了设计领域的深刻变革。传统 CAD 技术在数值计算和图形绘制上扩展了人的能力，但难以胜任基于符号知识模型的推理性工作。

由于产品设计是人的创造力与环境条件交互作用的物化过程，也是一种智能行为，因此在产品设计方案的确定、分析模型的建立、主要参数的决策、几何结构设计的评价选优等设计环节中，有相当多的工作是不能建立精确的数学模型并用数值计算方法求解的，而需要设计人员发挥自己的创造性，应用多学科知识和实践经验，进行分析推理、运筹决策、综合评价，才能取得合理的结果。为了对设计的全过程提供有效的计算机支持，传统 CAD 系统有必要扩展为智能 CAD 系统。通常把提供了诸如推理、知识库管理、查询机制等信息处理能力的系统定义为知识处理系统，例如，专家系统就是一种知识处理系统。具有传统计算机能力的 CAD 系统被这种知识处理技术加强后称为人工智能计算机辅助设计（Intelligent CAD，ICAD）系统。

ICAD 系统把专家系统等人工智能技术与优化设计、有限元分析、计算机绘图等各种数值计算技术结合起来,各取所长,相得益彰,其目的就是尽可能地使计算机参与方案决策、结构设计、性能分析、图形处理等设计全过程。ICAD 最明显的特征是拥有解决设计问题的知识库,具有选择知识、协调工程数据库和图形库等资源共同完成设计任务的推理决策机制。因此,ICAD 系统除具有工程数据库、图形库等 CAD 功能部件外,还应具有知识库、推理机等智能模块。

虽然 ICAD 可以提供对整个设计过程的计算机支持,但其功能模块是彼此相间、松散耦合的,它们之间的连接仍然要由人类专家来集成。近年来,随着高新技术的发展和社会需求的多样化,小批量、多品种生产方式的比重不断加大,这对提高产品性能和质量、缩短生产周期、降低生产成本提出了新的要求。从根本上讲,就是要使包括设计活动在内的广义制造系统具有更大的柔性,以便对市场快速响应,计算机集成制造系统(Computer Integrated Manufacturing System,CIMS)就是在这种需求的推动下产生的。计算机集成制造(Computer Integrated Manufacturing,CIM)作为一种新的制造理念正在体系结构、设计与制造方法论、信息处理模型等方面影响并决定着以小批量、多品种占主导地位的现代制造业的生产模式,而作为 CIM 具体实现的 CIMS 则代表了制造业发展的方向和未来。

在智能设计发展的不同阶段,解决的主要问题也不同。设计型专家系统解决的主要问题是模式设计,方案设计作为其典型代表,基本上属于常规设计的范畴,但也包含着一些革新设计的问题。与设计型专家系统不同,人机智能化设计系统要解决的主要问题是创造性设计,包括创新设计和革新设计。这是由于在大规模知识集成系统中,设计活动涉及多领域、多学科的知识,其影响因素错综复杂,当前引人注目的并行工程与并行设计就鲜明地反映出面向集成的设计这一特点。CIMS 环境对设计活动的柔性提出了更高的要求,很难抽象地提炼出有限的稳态模式,即设计模式千变万化且无穷无尽,这样的设计活动必定带有更多的创造性色彩。

智能设计具有以下 5 个特点。

(1)以设计方法学为指导。智能设计的发展,从根本上取决于对设计本质的理解,设计方法学对设计本质、过程设计思维特征及其方法学的深入研究,是智能设计模拟人工设计的基本依据。

(2)以人工智能技术为实现手段。借助专家系统技术在知识处理上的强大功能,结合人工神经网络和机器学习技术,较好地支持设计过程自动化。

(3)以传统 CAD 技术为数值计算和图形处理的工具。为设计对象提供优化设计、有限元分析和图形显示输出方面的支持。

(4)面向集成智能化。不但支持设计的全过程,而且考虑到与 CIM 的集成,提供统一的数据模型和数据交换接口。

(5)提供强大的人机交互功能。使设计师对智能设计过程干预,使人工智能融合成为可能。

1.3 智能设计的发展概述

1.3.1 智能设计研究现状

产品设计是为实现一定目标而进行的一种创造性活动,其历史伴随了人类文明的整个进程。随着人类市场需求的不断增加和竞争的不断加剧,复杂产品设计的方式与手段在不断发生着深刻的变化，如何使用智能化的方法实现产品设计的智能化也就成为当下产品设计的研究重点。

网络的出现和网络技术的不断发展不仅极大地改变了人类的工作和生活方式，而且使异地快速联系与数据通信成为可能。因此，大规模的网络技术也极大地改变了产品设计的方式和方法，产品设计不再局限于本地，使用的设计知识可以在限定的范围内实现智能共享，在保护了知识产权的前提下，异地分布式协作设计成为现实。产品设计资源的异地化不仅使复杂的设计任务可以由分布式的团队来完成，而且为产品全生命周期的各个环节参与到产品设计中提供了高效有利的途径。而且网络协议的不断发展，使多学科、多领域的设计知识可以得到智能集成应用。充分利用大规模网络技术的智能设计，可以极大地减少复杂产品的更新时间与开发成本。

产品设计知识智能建模理论在分析产品设计过程需求和特点的基础上采用了递归化的产品信息智能集成建模的思想。以知识作为驱动复杂机电产品设计的意图和指标，可以实现从抽象概念到具体产品的复杂产品智能设计，逐步求精和细化多元技术集成耦合和演化的过程。基于该理论，面向设计过程的产品装配信息自适应与自组织智能建模理论接近成熟。借助符号单元所具有的形状载体作用及其高层次工程语义，可智能化实现产品模型的高层功能描述与低层几何表示的统一。

产品设计知识符号智能建模理论基于装配符号的约束规则集描述，实现产品装配设计信息的智能传递，并采用装配符号关系图对产品装配设计语义与约束进行动态维护。基于符号构建映射关系，产品概念方案智能建模方法已经发展成完善的系统，基于符号关联约束关系的产品装配关系智能建模和基于图形单元符号的零件详细结构智能建模等关键技术也逐渐成熟。基于符号智能建模理论的形式化智能设计方法深入研究了多层次形式化符号系统的定义、分类、描述和建库方法，基于多层次形式化符号演变的运动方案智能设计方法、基于形式化图形单元符号的装配方案智能设计方法、基于形式化模板符号配置的智能设计方法和基于形式化字符符号的设计方案重用方法是产品设计知识符号智能建模理论的研究重点。

基于知识智能演化的产品进化设计方法将设计知识的演化过程与产品全生命周期的各个阶段紧密结合，从而提出关于各设计阶段知识智能演化的基本原理。基于该理论的产品进化设计与配置产品定制生产理论和方法，对产品运动进化智能设计、装配进化智能设计、结构进化智能设计及配置产品进化重用的定制生产中的关键技术进行了深入研究并取得一定成果。通过该理论建立的产品基本构造物元模型和产品智能设计过程蕴含系统，可通过可拓推理方法，分别运用拓展与变换手段，对产品设计模型知识与产品设计过程知识进行有效演化和派生。

产品多学科耦合与多目标智能优化方法认为复杂机电产品是由机、电、液等多物理过程，多单元技术集成于机械载体而形成的具有整体功能的复杂系统。其设计问题是一个多过程、多源、多部件、多学科的智能耦合过程。产品多学科耦合与多目标智能优化方法针对复杂机电产品设计过程中设计质量知识数据的有效组织、处理与利用，系统地研究了产品设计过程中质量知识耦合特征要素并结合产品结构特征进行数据挖掘和知识发现。目前通过改进强度 Pareto 进化算法，引入模糊 C 均值聚类，加快外部种群的聚类过程。采用约束 Pareto 支配和浮点数、二进制混合染色体编码等智能优化策略的智能算法，运行一次就能求得分布均匀的机电产品多学科优化 Pareto 最优解集。

以上述研究成果为基础，结合智能设计理论和应用对产品设计理论和方法进行系统深入的研究，是当下智能设计研究的重点。

1.3.2 智能设计的发展趋势

智能设计最初产生于解决设计中某些困难问题的局部需要，近 20 年来智能设计的迅速发展应归功于 CIM 技术的推动。智能设计作为 CIM 技术的一个重要环节和方面，在整体上要服从 CIM 的全局需要和特点。

CIM 技术是一种新的生产哲理，它是为适应现代市场瞬息多变、小批量多品种、不断推陈出新的产品需求应运而生的。CIM 技术强调企业生产、管理与经营集成优化的模式，力图从全局上追求企业的最佳效益，CIM 技术可以大大提高制造系统对市场的迅速反应能力，即制造的柔性。决策的依据是知识，要实现决策自动化，就必须采用知识的自动化处理技术。产品设计作为制造业的关键环节，在 CIMS 中占有极其重要的地位。同时，在 CIMS 这样的大规模知识集成环境中，设计活动也与多领域、多学科的知识集成问题相关。在 CIMS 环境中实施的并行设计要求在设计阶段就考虑整个产品生命周期的需求（制造、装配、成本、维护、环境保护、使用功能），它必然涉及多领域、多学科的知识。因此，智能设计是面向集成的设计自动化。

由于 CIM 技术的发展和推动，智能设计由最初的设计型专家系统发展到人机智能化设计系统。虽然人机智能化设计系统也需要采用设计型专家系统技术，但它只是将其作为自己的技术基础之一，两者仍有根本的区别，主要表现在以下 4 个方面。

（1）设计型专家系统只处理单一领域知识的符号推理问题；而人机智能化设计系统能处理多领域知识和多种描述形式的知识，拥有集成化的大规模知识处理环境。

（2）设计型专家系统一般只能解决某一领域的特定问题，因此比较孤立和封闭，难以与其他知识系统集成；而人机智能化设计系统面向整个设计过程，是一种开放的体系结构。

（3）设计型专家系统一般局限于单一知识领域范畴，相当于模拟设计专家个体的推理活动，属于简单系统；而人机智能化设计系统涉及多领域、多学科的知识范畴，用于模拟和协助人类专家群体的推理决策活动，属于人机复杂系统。这种人机复杂系统的集成特性要求对跨领域知识子系统的协调、管理、控制和冲突消解进行决策，而且有必要的机制（如智能界面）保证人和机器的有机结合，使计算机系统真正成为得力的决策支持手段，而人类设计专家能借助计算机系统得到这种支持并发挥出关键和权威决策的作用。

（4）从知识模型角度来看，设计型专家系统只围绕具体产品设计模型或针对设计过程某些特定环节（如有限元分析或优化设计）的模型进行符号推理；而人机智能化设计系统考虑整个设计过程的模型，设计专家思维、推理和决策的模型（认知模型）及设计对象（产品）的模型，特别是在 CIMS 环境下的并行设计，更鲜明地体现了智能设计的整体性、集成性、并行性。因此在智能设计的现阶段，对设计过程及设计对象的建模理论、方法和技术加以研究和探讨是很有必要的。

综上所述，智能设计从单一的设计型专家系统发展到现在的人机智能化设计系统是历史发展的必然，它顺应了市场对制造业的柔性、多样化、低成本、高质量、快速响应能力的要求。它是面向集成的决策自动化，是高级的设计自动化。当然，正如我们一再强调的，这种决策自动化不会完全排斥人类专家的作用。随着知识自动化处理技术的发展，计算机可以越来越多地承担以往由人类专家所担当的大量决策工作，但不会完全取代人类专家作为最有创造性的知识源的作用。在一个合理协调、有机集成的人机智能化设计系统中，计算机做得好的工作应由计算机做，而且要不断提高计算机的智能，使之可做更多的事情。如果对于智能设计的高质量和高可靠性，现阶段机器无法实现，则应由人类专家去做。

1.4 智能设计的关键技术

1.4.1 设计知识智能处理技术

人工智能的发展，可大致分为符号智能、计算智能和群集智能三个阶段。符号智能构成了半个世纪以来人工智能研究的主流，为实现人类逻辑思维奠定了坚实基础。而以人工神经网络（Artificial Neural Network，ANN）和遗传算法（Genetic Algorithm，GA）为代表的计算智能在近 20 年内取得了突破性的进展，为实现人类形象思维提供了可行途径。因此，依托以人工神经网络和遗传算法为代表的计算智能方法进行设计知识的智能处理是当下研究的重点之一。

从广义上说，知识是人类对客观事物规律性的认识，具有多种描述形式。就工程设计而言，数学模型、符号模型、人工神经网络是三种主要的知识描述形式。对于数学模型，在以往的学习中我们已经熟知，通过基于人工智能的知识处理技术，就可使读者对智能设计所涉及的主要知识形态有一个比较全面的认识和把握。此外，知识处理大致可分为知识获取、知识表示、知识集成和知识利用 4 大环节。符号模型与人工智能相结合实现了知识获取和知识集成两个环节，这为实现知识自动获取和知识集成提供了一个成功范例和可行途径。

智能设计的发展经历了设计型专家系统和人机智能化设计系统两个阶段，设计自动化程度和创新能力逐步提高。以进化涌现等自然法则为核心思想的遗传算法为进一步提高设计自动化程度和创新能力提供了新的思路。利用智能算法的编码、选择、交叉、变异、适应度评价等操作进行产品方案设计是设计知识智能处理的主要方法。

1.4.2 概念设计智能求解技术

产品设计早期的概念设计决定了产品全生命周期大部分的成本，其不仅决定着产品的质量、性能、成本、可靠性和安全性，而且其产品的设计缺陷无法在后续设计阶段弥补。在产品设计早期构建以概念设计为核心，贯穿产品全生命周期的设计方法，可以从源头端有效地增强产品性能并减少设计的迭代，从而提高产品设计的效率与质量，使得在设计初期就能够对性能进行溯源、优化及预测，有效提高产品的性能。该方法是产品设计理论与性能设计理论的总结与细化。

在智能概念设计中，行为被定义为产品结构的状态变化，类似地，在设计早期阶段，行为性能可以用来表达不同结构单元的状态序列，因此其中的智能行为性能被定义为在功能设计阶段表达不同配置单元的性能状态。设计早期的结构是指完成预定功能的载体，其中智能预测性能是指在设计早期通过智能算法对产品方案中的关键性能的评估，可以为产品设计早期的迭代提供依据。

功构映射是通过系统化与智能化的方法，将抽象的功能性描述转化为具有几何尺寸与物理关系的零部件，实现产品的功能约束与物理结构的多对多映射求解。针对功构映射过程模糊性、多解性与复杂性的特点，国内外学者开展了大量研究工作，提出采用启发式搜索、赋权自动机、商空间等智能方法进行功能求解。现有的推理方法聚焦于功构模型的可操作性与可表达性，忽略了结构性能约束在推理适配过程中的关键作用，导致得到的设计方案在整个设计过程中缺乏一致性与有效性，增加了设计的迭代次数。由于在设计早期约束信息具有模糊不确定性，性能适配需要以智能化的方法为依托，围绕模糊约束信息展开，以约束为设计边界，在功构映射与结构综合阶段准确地传递与满足性能约束，从而获得结构性能较为优良的设计结果。

1.4.3　设计方案智能评价技术

设计方案的评价与选择是决定产品设计成功与否的关键。然而在这一活动中，客户需求映射的复杂性、模糊性及客户和设计者之间交互语义一致性等问题常常会导致产生的质量控制方案具有非唯一性。质量控制方案对产品研发过程中的详细设计、工艺设计等后续工作具有重要的影响，所以对质量控制方案进行智能化选择是产品设计的一个重要步骤。

就其本质而言，设计方案的评价与选择是一个不确定环境下的复杂性多评价准则群体协同决策活动。在此过程中，由于设计方案尚处于概念化阶段，因此难以利用精确、完善的度量尺度对每个准则进行评价，而且不同准则之间存在错综复杂的交互与耦合关系；另外，不同的设计方案评价专家也具有不同的知识水平和决策背景，因此很难得出一致性决策结果。于是，客观、合理、科学地处理这些问题便成为有效评价方案的重点内容。

智能设计系统的方案评价根据智能设计决策的需求并围绕可接受性决策展开讨论，近年来的研究主要集中于如何使用智能化的方法处理设计方案评价过程中评价信息的模糊性、不精确性和不完备性等不确定性问题，并且已有案例将人工智能领域中的不确定性信息处理方法成功地应用于设计方案评价中。该方法可接受实际需求性决策的核心内容和关键问题，并对设计方案进行评价，而这种智能评价的方式要综合考虑所设计产品的技术指标、经济指标、社会指标等诸多方面的情况，同时设计方案的评价与选择将对整个产品研发过程的效率、成本、客户满意度等方面产生重要的影响。

1.4.4　设计参数智能优化技术

产品设计涉及机械、控制、电子、液压和气动等多学科领域，其涉及的参数往往有百余个且大部分参数之间具有关联性。

有些产品设计参数数据往往很难直接准确地获取或估算，理论计算参数数据与通过复杂机电产品开发试验和产品样机运行记录得到的离散设计参数数据之间的误差往往很大。为了给复杂产品多参数关联的性能驱动产品设计提供相对准确的连续设计参数数据，依据计算结果与在复杂产品开发试验和产品样机运行记录获得的数据结果，往往需要采用数值与几何结合的智能分析方法，借助智能优化技术，获得或逼近更实际的连续参数数据，从而有利于复杂产品关键多技术参数关联的定量分析。这对复杂产品设计的实现和参数优化具有重要的意义。

近年来，国内外学者对设计参数数据的获取与分析主要采用单纯的解析方法或数值方法。但是，对于复杂产品设计，单纯的解析方法和单纯的数值方法与实际设计对设计参数数据的需求尚有一些差距，因此设计参数的智能优化极其重要。

1.5　小结

智能设计技术是一项旨在提高设计效率和质量的前沿技术，其发展历程经历了从设计型专家系统到人机智能化设计系统的演进。在传统设计方法的局限性逐渐显现的背景下，智能设计以计算机化的人类设计智能为核心，旨在提高计算机在设计过程中的智能水平，从而更好地应对复杂的设计任务和工程问题。

　　智能设计的关键技术包括设计知识智能处理技术、概念设计智能求解技术、设计方案智能评价技术及设计参数智能优化技术。设计知识智能处理技术利用人工智能方法处理设计知识，为设计过程提供智能支持；概念设计智能求解技术注重早期设计决策，通过智能算法评估并优化设计方案；设计方案智能评价技术解决复杂多准则决策问题，提供智能化的设计方案评价和选择方法；设计参数智能优化技术则侧重于多参数关联性的优化，利用智能优化方法提高设计参数的准确性和连续性。

　　随着智能设计技术的不断发展，其在解决设计中的困难问题、提高设计效率和质量等方面具有重要意义。智能设计技术的不断完善和应用将为产品设计领域带来更多的创新和发展机遇，推动设计过程朝着更加智能化、高效化和可靠化的方向发展。

第 2 章　智能加工技术

2.1　概述

在生产实践中，数控加工过程并非一直处于理想状态，而是伴随材料的去除出现多种复杂的物理现象，如加工几何误差、热变形、弹性变形及系统振动等。加工过程中经常出现的问题是，使用零件模型编程生成的"正确"程序并不一定加工出合格、优质的零件。正是由于上述各种复杂的物理现象，使工件的形状精度和表面质量不能满足要求。在产品的生产制造中，一旦加工过程设计或工艺参数选择不合理，就会导致产品加工表面质量差，设备加工能力得不到充分发挥，同时机床组件及刀具的使用寿命受到影响。

产生上述问题的原因在于，传统加工过程中只考虑了数控机床或者加工过程本身，缺乏对机床与加工过程中交互作用机理的综合理解。而这种交互作用又经常产生难以预知的效果，大大增加了加工过程控制的难度。为解决上述问题，必须变革传统的理念，将机床与加工过程一起考虑，对交互作用进行建模与仿真，进而优化加工过程，改进加工系统设计，减少加工过程中的缺陷。同时，借助先进的传感器技术和其他相关技术装备数控机床，对加工过程中的工况进行及时的感知和预测，对加工过程中的参数与加工状态进行评估和调整，可以达到有效提升形状精度与表面质量的目的。

智能加工技术借助先进的检测、加工设备及仿真手段，实现对加工过程的建模、仿真、预测，对加工系统的监测与控制；同时集成现有加工知识，使加工系统能根据实时工况自动优选加工参数、调整自身状态，获得最优的加工性能与最佳的加工质效。智能加工的技术内涵包括以下几个方面。

1．加工过程的仿真与优化

针对不同零件的加工工艺、切削参数、进给速度等加工过程中影响零件加工质量的各种参数，基于加工过程模型的仿真，进行参数的预测和优化选取，生成优化的加工过程控制指令。

2．过程监测与误差补偿

利用各种传感器、远程监控与故障诊断技术，对加工过程中的振动、切削温度、刀具磨损、加工变形及设备的运行状态与健康状况进行监测；根据预先建立的系统控制模型，实时调整加工参数，并对加工过程中产生的误差进行实时补偿。

3．通信等其他辅助智能

将实时信息传递给远程监控与故障诊断系统，以及车间管理 MES（制造执行系统）。

智能加工实现流程图如图 2.1 所示。

智能加工涉及材料科学、信息科学、智能理论、机械加工学、机械动力学、自动控制理论和网络技术等多个学术领域。一般来说，智能加工技术系统主要包括以下几个模块。

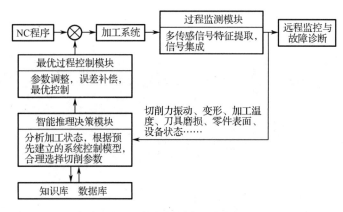

图 2.1 智能加工实现流程图

1．建模仿真模块

基于不同的工件和刀具状态、机床状态、加工过程参数、加工工艺等影响零件加工质量的因素，通过对加工过程模型的仿真，进行参数的优化和预选，生成优化的加工过程控制指令等。

2．过程监测模块

通过各处的传感器实时监测加工过程，监测参数包括切削力、加工温度、刀具磨损、振动、主轴的转矩等。

3．智能推理决策模块

通过知识库搜索，甚至利用专家系统，部分地代替人来决策，根据预先建立的系统控制模型确定工艺路线、零件的加工方案和切削参数。

4．最优过程控制模块

根据工件形状变化实时优化调整切削参数，对加工过程中产生的误差进行实时补偿，从而提高加工精度，缩短加工流程，提升加工效率。

2.2 机床智能加工技术

2.2.1 智能加工的自适应控制技术

自适应控制作为现代控制理论的一个重要分支，最初用于解决航空航天问题，然而受当时硬件技术与控制理论水平的限制，自适应控制在实际应用中并不很成功。20 世纪 70 年代以后，计算机技术的迅猛发展与微机的广泛应用为自适应控制的实现和飞跃发展奠定了基础。近十几年，自适应控制得到迅速发展，许多形式的自适应系统，特别是神经网络、模糊数学、遗传算法等各门前沿科学的发展，为智能控制注入了巨大活力。而将这三大算法与自适应控制相结合更是目前智能控制的主要发展方向。

1．模糊自适应控制

1965 年，美国的自动控制专家 L.A.Zadeh 创立了模糊控制集合理论，提出模糊控制技术，即采用模糊控制器基于模糊集合理论进行统筹考虑的控制。根据实际系统的输入、输出结果，参考现场操作人员的运行经验，对系统进行实时控制。模糊自适应控制的基本方法之一是利用模糊规则推理，调节控制器的参数、结构等。例如，参数自调整模糊控制，相仿于增益调节自适应控制，其基本结构如图 2.2 所示。

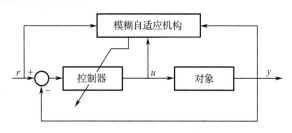

图 2.2　参数自调整模糊控制

在这种模糊自适应控制系统中，控制器可采用传统的方式（如 PID 等），模糊自适应机构根据输入、输出，由控制规则或规则表决定对应控制器参数的调节量。由于其设计与实现简单，又可充分利用传统的 PID 等控制方式，故在工业过程控制中应用较多，并有相应的产品（如日本三菱电机的 MACTUS 210 系列产品）。

一种对应于自校正控制的模糊自校正控制（FSTC）将模糊控制器直接用于控制对象。它应用自校正思想，通过在线计算性能指标来修正控制规则，实际上就是改变控制器，所以这种方法已经具有自组织、自学习的功能（见图 2.3）。其中，控制规则的获取与修改主要有两种方法：一种是利用对象动态特性对模糊模型进行在线辨识，用一组 if-then 语句（T-S 模型）或关系模型来表达输入、输出变量之间的关系，然后在此基础上设计控制规则；另一种是自学习方式，它通过重复操作过程来模仿人的学习能力，因此可以不考虑被控对象的特性。

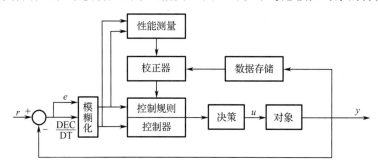

图 2.3　FSTC 的原理结构图

在模型参考自适应控制基础上发展起来了模糊参考自适应控制（FMRLC），其原理结构图如图 2.4 所示。其中，学习机构采用一个模糊逆模型和一个知识库修改机构。首先建立一个粗略的模糊逆模型，然后根据辨识与过程信息，通过改变模糊集合隶属度函数的中心点来进行规则的调整。J.R.Layne 通过对 FMRLC 和 MRAC（模型参考自适应控制）的仿真结果进行分析比较后指出，FMRLC 具有跟踪、收敛速度快，设计简单，控制所用能量更小，抗干扰性强，对系统模型的依赖性弱，无须建立系统数学模型等优点。

2. 神经网络自适应控制

人工神经网络早期的研究工作应追溯到 20 世纪 40 年代，1943 年，心理学家 W.S.McCulloch

和数理逻辑学家 W.Pitts 在分析、总结神经元基本特性的基础上首先提出神经元的数学模型，至今神经网络的研究工作走过了一条由兴起到萧条，再由萧条到兴盛的曲折道路。由于人工神经网络具有非线性映射、自学习、自适应与自组织、函数逼近和大规模并行分布处理等能力，因而具有用于智能控制系统的潜力。神经网络的应用主要体现在两个方面：一是利用其逼近非线性函数的能力，将神经网络作为辨识参数的估计器或监控器；二是利用神经网络建立系统的逆动态模型并直接作为系统的控制器。

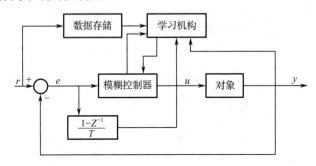

图 2.4　FMRLC 的原理结构图

将神经网络与自适应控制相结合形成神经自适应控制，可应用于对非线性、强干扰、不确定、难建模系统的控制。

3．遗传自适应控制

遗传算法是基于自然选择和基因遗传学原理的随机搜索算法。它首先保存一组数码串，每个数码串代表一个不同的控制器，使用复制、交叉和变异等基因操作，在串之间进行有组织但又随机的信息交换。随着算法的运行，优良的品质被不断地继承下来，坏的特性被逐渐淘汰。新一代个体中既包含上一代个体的大量信息，又不断地在总体特性上胜过旧一代，从而使整个群体向前进化和发展。由于采用了随机而又有控制的搜索，有助于避免局部最优解，而得到可能的最优解。基于生物进化的遗传算法，已经被用来进行控制系统的计算机辅助设计和货轮自动舵控制算法的在线自动校正。

遗传自适应控制一般有两种方案：一种方案使用 GA 作为对象参数估计器，而使用极点配置等传统方法在线调整控制器；另一种方案由传统方法辨识系统状态，使用 GA 对控制器进行在线优化，以构成一类性能逐渐优化的自适应控制器，或者不进行辨识而直接应用某种性能准则来在线优化控制器的结构和参数。Porter 研究了 GA 调整数字 PID 参数，指出 GA 比传统约束优化技术更容易实现。Zuo 采用同样的多变量数字 PID 控制器，研究了大规模空间飞行器的姿态控制和动量管理系统的自适应控制策略，其算法由带有遗忘因子的最小二乘构成的快速在线递推辨识器和 GA 在线调节控制参数矩阵的遗传调节器两部分组成，实验结果表明系统对较大转动惯量变化具有良好的鲁棒稳定性和设定点跟踪性能。

2.2.2　智能加工的主动感知与判断

智能加工机器通过增加自主感知、通信交互、判断、推理及自主决策、主动行为、自主学习和进化等一系列能力与手段使普通的加工机器具备智能满足制造环境复杂性对智能加工机器自主能力的要求。因此，自主感知对智能机器自主能力的具体作用就是通过对自己和外界的多物理域信息采集、处理及融合以解决信息问题；通过通信与交互能力确定感知能力的基础和决定条件。机器要采集、传递自身多物理域信息，以及接受外来信息等都需要通信及交互能力；机器通过采集自身及外界的多物理域信息，利用人工智能方法使得自身具备感知当前自身状态、健康，故障的监测、评估与诊断的能力，以及判断推理和决策能力。

通过对智能机器自主感知能力的具体作用的分析不难看出其自主感知的内容主要包括以下几点：首先，利用多物理域传感器获取制造环境、自身及其他智能机器的多物理域信息以为状态识别、故障诊断、健康评估及最终的推理决策实现自适应控制提供必要的相关信息。其次，将获取的多物理域信息进行处理、特征提取及多物理域信息融合，实现对信息的筛选和去粗取精，为实现高精度感知提供更加准确的信息，同时对信息进行保存并形成经验数据以提供给系统进一步学习和使用。最后，将多物理域融合信息作为智能加工机器自主感知模型的输入，实现智能加工机器的自主感知（状态识别、故障诊断与健康评估），以及根据感知结果实现推理决策。

总的来说，智能加工机器除具备加工机器的基本能力外，还具备对自身的运行状态识别、故障诊断与健康评估的能力（也就是自主感知能力），其不仅是对自身各种参数、状态的感知能力，还是对其他的智能加工机器的相关信息、数据、知识和制造环境的相关信息、数据、知识进行主动或被动的采集、传输、处理、特征提取、多物理域信息融合和模式识别的能力。

智能加工机器主要依靠各种传感器系统来感知传感器系统的数据，来自传感器系统的数据一般不能直接反映机床状态特征，需经过分析和判断，提取有用信息。前期有关自主感知的研究工作往往都局限于对单一信号进行分析，而不是对多类信号进行融合分析来实现融合感知，这使最后感知的信息内容并不完全可靠、完备。实际的加工过程是一个闭环过程，各种推理决策都是相互作用、关联的。近年来，研究者注意到该问题，也开始应用多物理域信息融合技术。在数据量激增的今天，各领域都需要运用大数据技术，多物理域信息融合可以实现信息互补、消除冗余，使被感知对象能最大程度地获得相关的融合信息正是大数据技术所需要的，因此，在智能加工机器中多物理域信息融合是必要的。

为使自主模型能够获得其他模型乃至整个环境的相关信息，并对外界环境状态的变化进行检测、记录，这个过程需要智能加工机器的自主感知，实现自主模型对外界信息主动或被动的发现与获取。

智能体并不能直接感知到自身与物理环境中的多物理域信息，而是通过各种方法、设备进行感知，再进行信息处理，从而实现对环境、自身的认识。传统模型是在静态、封闭、可控的假想环境下构建的，即环境中的元素是固定不变的，环境的内容按照预先设计的模式变化，并且感知环境的方式能够预先设定。然而，自主模型所处的虚拟环境是开放的、动态的、难控的，当环境内容发生变化时，模型需要及时感知到环境的变化及对应的内容。

自主感知过程就是自主模型取得外部世界信息的过程，其作用是对系统中其他模型及外界环境状态的变化进行预测、评估与决策。如图 2.5 所示，感知可分为主动感知和被动感知，

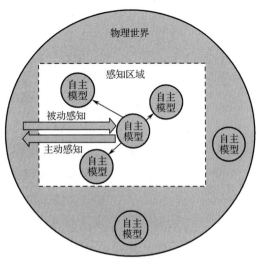

图 2.5　自主感知模型

其中主动是指自主模型主动向系统询问有关对象的信息；而被动是指系统主动向自主模型发送信息，这些信息主要是指环境中需要通知各个模型的公共信息。

2.3 3D 打印技术

2.3.1 3D 打印技术概述

3D 打印技术，是一种以三维数学模型文件为基础，然后运用粉末状的塑料或金属等具有黏结性的材料，通过层层叠加打印的方式来获得物体原型的技术。与传统制造相比，3D 打印技术不需要传统的刀具、夹具、模具和机床，就可以制造出任意形状复杂的产品。3D 打印技术拥有材料种类多、节约材料、精确实体复制、便携制造、按需制造等众多优势。这些优势不但可以降低生产制造费用，而且能缩短产品制造周期，有利于实现产品复杂制造及设计制造一体化，在单件小批量生产和个性化复杂产品的生产中具有明显的经济优势和效率优势。3D 打印技术在传统铸造行业的应用，对中国铸造行业未来的铸造智能工厂建设、铸造工序智能化及企业转型升级具有重要的变革性意义。下面介绍几种典型的 3D 打印技术。

1．选择性激光烧结（SLS）技术

采用激光束，按计算机输出的产品模型的分层轮廓及指定路径，在选择区域内扫描和熔融工作台上已经均匀铺层的材料粉末，位于扫描区域内的材料粉末被激光束照射熔融后形成一层烧结层。逐层烧结后，再将多余的材料粉末去掉便可获得最终的产品模型。

2．光固化成型（SLA）技术

以光敏树脂为原料，在计算机控制下，紫外激光束按各分层截面轮廓的轨迹进行逐点扫描，被扫描区域内的树脂薄层原料将产生光聚合反应并固化，形成制件的一个薄层截面。当一层固化完毕后，工作台向下移动一个层厚，在刚刚固化好的树脂表面又铺上一层新的光敏树脂，以便于后续的循环扫描和固化。新固化的层牢牢地黏合在前一层上，如此重复，层层堆积，最终形成整个产品原型。

3．熔融沉积制造（FDM）技术

采用热熔喷头装置，使熔融状态的丝材按模型生成的分层数据与控制的路径从喷头挤出，并在指定的精确位置沉积和凝固成型，经过逐层沉积和凝固，最终形成整个产品模型。

4．三维打印（3DP）技术

三维打印原理与现代喷墨打印机的工作原理相似，首先将粉末材料均匀地铺设在工作仓中，然后在指定区域将液态的黏结剂用喷头按指定路径喷涂在粉层上，等待黏结剂固化后，去除多余的粉尘材料，便可获得所需的应用产品原型。此技术也可直接用于逐层喷涂陶瓷或其他粉浆材料，固化后获得所需产品原型。

5．分层实体制造（LOM）技术

采用激光器和加热辊，按照二维 CAD 模型所获得的分层数据，将单面涂有热熔胶的纸、塑料薄膜、金属箔等材料按产品模型切割成内外轮廓，同时加热这些涂有热熔胶的薄层材料，使刚切好的一层和下面的已切割层黏结在一起。如此循环,逐层反复地切割并黏合,最终叠加成整个产品原型。

2.3.2　3D 打印技术特性

3D 打印技术可以归纳总结出以下 4 个特性。

(1)3D 打印技术中的 SLS 技术和 SLA 技术在铸造成形中分别用于熔模铸造中蜡模及树脂基熔模的打印。

(2)FDM 技术和 LOM 技术分别用于砂型铸造中塑料模及纸基模型的打印,代替传统木模。

(3)3DP 技术用于铸造砂型的直接打印成形,省去传统铸造中的模样制造、造型、制芯、合型 4 个工序。

(4)3D 打印技术均能在一定程度上有效缩短产品制造周期,降低产品生产成本,且特别适用于结构复杂的铸造产品的制造。

然而,3D 打印技术的应用及发展受到了一定的限制,为进一步扩大其应用范围,应着重加强以下几个方面的研究。

(1)在打印产品质量方面,3D 打印设备种类较多,从桌面级 3D 打印机到工业级 3D 打印机,购买费用从几千元到上百万元不等,投入成本差别较大。打印产品精度、质量等参差不齐,尤其是薄壁件的垂直度、大平面的平面度及产品的表面粗糙度方面还有待进一步提高。

(2)在打印产品尺寸方面,3D 打印机可打印的产品尺寸相对较小,只能局限于打印小型铸造产品模型,要扩大其应用范围,需不断研发出更大产品尺寸的打印机。

(3)在打印耗材方面,3D 打印的耗材主要包括塑料丝材、光敏树脂、金属粉末、覆膜砂等。为更好适应绿色制造的发展理念,应减少有毒有害材料及污染环境材料的使用,同时降低耗材的使用成本,尤其是覆膜砂材料。目前 3D 打印耗材使用成本昂贵,研究其循环利用的工艺及方案,同时降低其使用成本是后续的重要研究方向。

(4)在生产工艺方面,要真正实现绿色铸造、智能铸造,需解决传统铸造环境差、劳动强度大、产品质量不稳定等问题。搭建新型 3D 打印铸造生产线是未来的发展趋势,需不断探索、借鉴、研究符合我国国情的生产线及工艺方案。

2.4　激光加工技术

2.4.1　激光加工技术概述

激光加工技术是应用激光束对金属或非金属材料进行切割、打孔、焊接等处理的加工技术。早期激光加工功率较小,常用于打小孔、微型焊接。随着二氧化碳激光器等激光加工器的产生与应用及激光加工工艺的研究,激光加工技术逐渐应用到各类材料的高速切割和材料热处理等方面。气体激光器的加工原理如图 2.6 所示。在信息技术快速发展的推动下,激光加工设备的自动化水平逐渐提升,使用功能逐渐完善,在汽车、电子、航空、机械制造等领域起到愈加重要的作用。

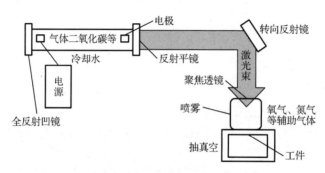

图 2.6　气体激光器的加工原理

激光加工技术具有无污染、精度高、与其他先进技术融合性强等特点，可以实现激光加工技术的智能化应用与控制。与其他加工技术相比，激光加工技术在规模化生产中的应用可增强产品的技术适应性，有效提高产品的经济效益与社会效益。以机械制造的实践应用为视角，激光加工技术有以下几个特征。

（1）功率大。加工材料在吸收激光热量后，可以被短时熔化或汽化，并发生形态变化，极大地提高了材料加工效率。

（2）零磨损。在具体加工中，激光头与加工工件之间存在一定距离，不会产生工件磨损等问题。

（3）限制小。激光加工技术不仅可以对静态工件进行加工，也可以对动态状态下、密封状态下的工件进行加工。与其他加工技术相比，激光加工技术的限制性更小。

（4）精密加工。在工件加工过程中，激光加工技术可以与计算机技术等进行融合应用，实现机械的精密加工，有效提升工件加工的自动化水平。

（5）机械化操作。激光加工技术的应用环境限制性较小，且可以实现机械化操作。若在具体加工中存在人为操作困难等问题，可以通过机器人操作的方式，完成激光加工处理。

2.4.2　激光加工技术在机械制造中的应用

1. 激光打孔

激光打孔是激光加工工艺的重要组成部分，是处理加工工件的重要环节。常见的打孔类型包括紧固孔、定位孔等，孔的质量对工件的使用性能产生重要影响。与机械加工相比，激光打孔技术的应用可以提高打孔效果，使孔壁更平滑，圆度更高，另外，与其他加工技术相比，激光打孔技术的智能化程度更高。在打孔的初始阶段，孔深、孔径的增加幅度较大，但随着加工时间增大，孔深、孔径的增加速度减慢。

2. 激光切割

激光切割技术可以应用于钢材、钛合金等金属材料，以及塑料、玻璃等非金属材料加工中。在具体加工实践中，激光切割可以实现无接触加工，不会出现工件变形情况。另外，激光束对非激光照射部位的影响较小，热影响区域小，工件的热变形较小；激光切割速度快，柔性高，切割质量好，且加工成本低。

为了进一步提高激光切割的效率和质量，可以综合应用高精度激光切割机械设备。例如，某公司在金属材料切割工作中，采用了光纤激光切割机、钻切复合一体机、平板坡口切割机、三维激光切割机等设备。

以机械板材加工为例，当前应用于工程机械板材加工的激光切割机主要有二氧化碳激光切割机和光纤激光切割机。其中，光纤激光切割机各级的通过性更好，热影响更小，有利于提高产品加工效率与质量，在工艺样板制作等方面发挥着重要作用。

3. 激光焊接

传统机械制造过程中通常应用气体保护焊等焊接方式，此方式存在变形量大、焊接飞溅多等问题。同时，传统焊接方式的焊接弧光、灰尘较多，严重影响技术人员的身体健康。机械制造中工件焊接加工工作目标转向提升焊接效率与质量、推动人工焊接向机器人焊接方向发展等，促使机器人焊接、柔性制造理念深度融入机械制造的焊接加工工作中。由于早期的激光焊接技术受限，存在激光功率不足等问题，难以有效加工中厚板材和超厚板材。

近年来，以哈尔滨工业大学等院校为研究基地展开的激光焊接技术研究，形成了高功率激光深熔焊、超窄间隙多层填丝焊等激光焊接方法，为激光焊接技术的更新和深度应用提供了有力支撑。例如，激光电弧复合焊技术在机械起重机臂架加工过程中的应用能够有效发挥出激光焊接的技术优势，有利于增强间隙搭桥能力和焊接效果。

以屈服强度为 960MPa 的高强钢焊接加工为例，在实际加工中，应用了激光-双丝 MAG（金属活性气体）复合焊接技术。该类型的激光焊接技术具有强适应性，可应用于难焊接材料的加工中，有利于提高焊接过程的稳定性，对改善焊接缝成形、消除焊接缺陷等具有积极意义。实践表明，应用激光-双丝 MAG 复合焊接技术加工屈服强度为 960MPa 的高强钢，焊接效率提升了 320%，熔深增加了 53.6%，焊丝用量节约了 31.5%。

综上所述，激光焊接技术在机械制造中的应用提升了焊接效率、焊接质量，且在降低加工成本、环保等方面具有良好的应用价值。

4. 激光熔覆

激光熔覆是通过同步或预置的方式，将粉末状熔覆物料放在工件外表的过程。在激光束影响下，熔覆物料与工件外表薄层熔化并凝固在一起，形成外表的改性涂层，增强了工件的耐磨损性、防腐蚀性、抗高温性、抗氧化性。结合具体实践结果分析，激光熔覆技术对工件几乎不会产生热破坏影响，且最终形成的涂层晶粒细致，具有良好的应用价值。同时，激光熔覆技术可以与计算机技术综合应用，易实现智能化。当前，激光熔覆技术主要应用于机械制造的破损产品修复及材料外表的改性加工中。

以某汽车配件加工企业为例，该企业应用激光熔覆技术，对发动机实施硬面熔覆，提升了发动机表面磨损强度。同时，该企业应用激光熔覆技术，对车辆排气门熔覆 Stellite 合金，有效提高了排气门的防腐蚀性及防冲击能力。

综上所述，激光熔覆技术在机械制造中的应用，不仅可以提升工件外表的硬度、抗磨损性，而且可以提升机械加工的效率与质量，在元部件修复、工件性能提升等方面发挥着重要作用。

5. 激光增材制造

激光增材制造，即三维打印技术。该技术以高功率激光为能量源，根据相应数据信息进行分层制造。以成形原理为划分标准，激光增材制造技术可以分为激光选区熔化技术、激光金属直接成形技术。其中，激光选区熔化技术的应用过程如下：铺好金属粉末；根据既定路径，应用高能激光束扫描金属粉末、熔化粉末及工件表面；冷却凝固成形。激光金属直接成形技术的应用过程如下：根据加工需求，确定工件加工路径；应用激光束同步熔化金属粉末和工件表面；快速凝固工件表面，并逐层堆积成形。从整体上看，激光增材制造技术的制造流程短、柔性高，可以应用于难切削、活性高的材料加工工作中。

以国外应用激光增材制造技术为例，美国某公司应用该技术，制造了航空用燃料喷嘴；西班牙某大学应用激光增材制造技术制造出医用钛合金胸骨和肋骨，并成功移植在患者体内。

以国内应用激光增材制造技术为例，北京航空航天大学在专项研究中，应用激光增材制造技术，制造出小型钛合金，并成功突破和掌握了大型构件制造的关键技术，切实提升了我国在国际上大型构件制造方面的技术竞争力。

综上所述，激光增材制造技术的应用提高了工件加工的灵活性，在节约材料成本、提高材料加工技术能力等方面体现出重要价值。

2.5 复合加工技术

2.5.1 复合加工技术概述

复合加工技术是指将多种加工方法融合在一起，充分发挥各自的优势，互相补充，同时在加工过程中起作用，能够在一道工序内使用 1 台多功能设备，实现多种加工方法的集成加工。一方面，基于电场控制、溶解与切削相结合的复合加工技术可以实现高效光整、高效精密模具成形加工或光整及精密模具成形的一体化加工。另一方面，复合加工技术依托强大的设备功能，将多种加工工序合并在一起，不仅能够实现不同机械加工方法的复合加工，而且能够实现机械加工方法与特种加工方法的复合加工。复合加工技术包括电化学机械复合加工技术，化学机械加工技术，超声放电复合加工技术，时变场控制、磁场辅助的电化学及电化学机械复合加工技术，时变场控制的电解在线修整砂轮磨削加工技术，时变场控制的电化学及磁粒研磨的复合加工技术等。

2.5.2 复合加工技术的种类

1. 传统机械加工方法的复合加工

镗铣复合加工中心是集钻、镗、铰、攻丝和铣加工功能于一体的高精度、多功能加工中心，不仅具有坐标镗的高精度，而且具备较高的刚性和主轴转速，能够实现航空发动机机匣类零件外型铣削和定位孔的钻镗复合加工。

车铣复合加工中心是集车削和镗铣加工于一体的多功能复合加工中心，旋转工作台不仅具有车加工需要的高转速、高扭矩，而且具备铣加工要求的高精度分度功能，配备刚性铣头，能够安装车刀、铣刀、镗刀和测头等多种工具，实现自动换刀车铣复合加工。车铣复合加工中心以车加工为主，在进行零件主要型面车加工的同时，辅助完成定位孔、安装孔、键槽和凸台的镗铣加工，实现工序集中、保持较好的加工一致性，有利于提高加工效率，实现加工过程自动化。

铣车复合加工中心是以铣加工功能为主的铣、车一体结构的复合加工中心，该设备采用高速直线驱动电机，具有较高的主轴刚性和转速，旋转工作台具有较高的定位精度，并且具备大扭矩和高转速的特点，不仅能进行航空难切削材料高速、高效铣削加工，而且能够进行内、外圆车加工，适合航空发动机机匣等零件铣车复合集约式加工。

2．特种加工方法的复合加工

电火花铣是在电火花放电产生高能热的基础上，采用铣削加工刀具运动方式，以去除材料为目的的加工方法。电火花铣加工工具是管状电极，电极高速旋转，进行直线或圆弧插补运动，能够实现复杂曲面仿型加工。与传统铣加工相比，电火花铣没有切削力，适合薄壁零件加工；没有刀具消耗，电极损耗费用比刀具消耗费用少得多，节约大量刀具费用；电火花铣机床与加工中心设备费用相差很多，使用电火花铣会大幅降低加工成本。

电火花磨削实际上是运用磨削加工的形式进行电火花加工，工具电极和工件各自做回转运动，使工具电极与工件有相对回转运动。电极局部放电，径向进给实现磨削方式的加工，电极损耗可以通过进给予以补偿。对放电间隙进行伺服控制，保持加工间隙。例如，REDM-100型电火花磨床，主轴头沿垂直方向或水平方向做单轴伺服进给，而工件安装在水平工作台上做定速旋转来实现电火花磨削加工。

化学铣切是将金属坯料浸没在化学腐蚀溶液中，利用溶液的腐蚀作用去除表面金属的工艺方法。化学铣切已经成为现代航空航天工业中广泛应用的一种特种加工工艺。化学铣切过程：将金属零件清洗除油，在表面上涂覆能够抵抗腐蚀溶液作用的可剥性保护涂料，经室温或高温固化后进行刻形，然后将涂覆于需要铣切加工部位的保护涂料剥离。

3．传统加工方法与特种加工方法的复合加工

化学机械复合加工是指化学加工方法与机械加工方法的综合，利用化学腐蚀机理，结合机械振动、磨削、铣削等机械加工方法，实现脆硬难加工材料、薄壁复杂结构零件高效、高精度加工，其包括化学铣切、化学机械振动抛光等。

加热辅助切削通过对加工零件表面局部瞬间加热，改变零件加工部位局部表层材料物理、力学性能，降低加工表面机械强度、表层硬度，改善零件加工性能，减少刀具磨损，延长刀具使用寿命，提高加工效率，保证加工质量。

超声振动辅助切削复合加工是难加工材料、细长孔等复杂结构零件加工的一种有效加工方法，其机理是加工刀具或工具以适当的方向、一定的频率和振幅振动，以脉冲式进给方式切削零件，从而改善加工工况及断屑条件，通过连续有规律的脉冲切削减少切削力，降低切削变形，消除加工自激振动，以达到提高加工精度、延长刀具使用寿命的目的。

2.5.3　复合加工技术的应用范围

复合加工技术在航空发动机零件加工领域主要应用于以下两个方面。

（1）难加工脆硬材料和复杂薄壁弱刚性结构零件加工，如陶瓷基复合材料、超硬合金材料、蜂窝结构薄壁零件、化学铣结构机匣等零件。

（2）多工序集成、自动化加工：航空发动机机匣、整体叶盘等零件结构复杂、加工特征多、加工余量大，高压压气机前机匣有数百个叶片安装孔，采用普通的钻、扩、镗、铰分工步加工方法，存在加工效率低、一致性差等问题；可以采用复合刀具实现钻、扩、镗、铰多工步复合加工，节省安装调试刀具等辅助加工时间，提高加工效率，提高加工自动化程度。

2.6 小结

智能加工技术已是现代高端制造装备的主要技术与国家战略的重要发展方向，它在加工设备与加工过程之间建立了一个纽带，为实现生产制造更高层次的自动化、科学化、智能化创造了条件。目前，智能加工技术已在部分领域取得较大进展，但面向实际的生产应用仍有一定差距，需要加强以下几个方面。

（1）智能加工技术的基础研究工作。在智能加工技术的基础研究方面，还有很多关键技术需要突破，如融合几何与物理的仿真与优化技术、在线监测多信息的融合与处理技术、在线测量技术等。

（2）智能加工技术的发展要结合我国国产数控设备的特点。针对目前我国数控机床产业的发展及大飞机、高档数控机床与基础制造装备等国家科技重大专项的实施，研究发展符合我国国产机床设备的性能测试、监控、优化的方法，推动国产设备在高端制造领域的应用。

（3）产学研用相结合的数控加工创新平台。大力推进产学研用相结合的数控加工创新平台建设，建立国产设备生产厂家、航空航天等高端制造企业、大学相关研究机构之间的联盟机制，加强智能加工技术领域的基础研究，实现向实际生产应用的快速转化，从而推动我国装备制造业的快速发展。

第 3 章　智能控制技术

3.1　概述

3.1.1　智能控制的结构理论

智能控制（Intelligent Control，IC）是一门新兴的交叉学科，具有广泛的应用领域。智能控制这一术语于 1967 年由 Leondes 和 Mendel 首先使用，1971 年著名美籍华人科学家傅京孙（K.S.Fu）教授从发展学习控制的角度首次正式提出智能控制概念与建立智能控制学科的构思。但是不同专家关于智能控制结构理论有着不同见解。

1. 二元结构

傅京孙首先论述了人工智能（AI）与自动控制（AC）的交接关系，指出"智能控制系统描述自动控制系统与人工智能的交接作用"。智能控制的二元结构如图 3.1 所示。

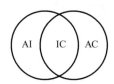

图 3.1　智能控制的二元结构

2. 三元结构

萨里迪斯（Saridis）认为，二元交集的两元互相支配无助于智能控制的有效和成功应用，必须把运筹学（OR）的概念引入智能控制，使它成为三元交集中的一个子集。智能控制的三元结构如图 3.2 所示。

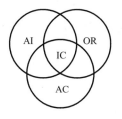

图 3.2　智能控制的三元结构

3. 四元结构

蔡自兴于 1989 年提出四元智能控制结构，把智能控制看作自动控制、人工智能、信息论（IT）和运筹学四个学科的交集。智能控制的四元结构如图 3.3 所示。

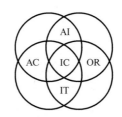

图 3.3　智能控制的四元结构

以上关于智能控制结构理论的不同见解中，存在着以下几点共识。

（1）智能控制是由多种学科相互交叉而形成的一门新兴学科；

（2）智能控制是自动控制发展到新阶段的产物，它以人工智能和自动控制的相互结合为主要标志；

（3）智能控制在发展过程中不断地吸收控制论、信息论、系统论、运筹学、计算机科学、模糊数学、心理学、生理学、仿生学等学科的思想、方法及新的研究成果，目前仍在发展和完善中。

模糊控制主要是模仿人的控制经验，而不是依赖控制对象的模型，因此模糊控制器实现了人的某些智能。模糊控制的主要组成部分：①模糊化；②模糊决策；③精确化计算。

模糊集理论是介于逻辑计算和数值计算之间的一种数学工具，它在形式上利用规则进行逻辑推理（像符号处理方法那样允许直接用规则来表示结构性知识），但其逻辑取值可在"0"与"1"之间连续变化，采用数值的方法而非符号的方法进行处理（可以用大规模集成电路来实现），所以模糊系统兼有两者的优点。

3.1.2　智能控制的定义

由于智能控制是一门新兴学科且正处于发展阶段，因此至今尚无统一的定义，智能控制有多种描述形式。

从三元交集论的角度定义智能控制：它是一种应用人工智能的理论和技术及运筹学的优化方法，并和控制理论中的方法与技术相结合，在不确定的环境中，仿效人的智能（学习推理等）实现对系统控制的理论与方法。

从系统一般行为特性出发，J.S.Albus 认为：智能控制是有知识的"行为舵手"，它把知识和反馈结合起来，形成感知交互式的、以目标为导向的控制系统。该系统可以进行规划，产生有效的、有目的的行为，并能在不确定的环境中，实现预期的目标。

从认知过程出发：智能控制是一种推理计算，它能在非完整的性能指标下，通过一些基本的操作，如归纳（Generalization）和组合搜索（Combinatorial Search）等，把表达不完善、不确定的复杂系统引向规定的目标。

K.J.Astrom 认为：把人类具有的直觉推理和试凑法等智能加以形式化或用机器模拟，并用于控制系统的分析与设计中以期在一定程度上实现控制系统的智能化，这就是智能控制。从控制论的角度出发：智能控制是驱动智能机器自主地实现其目标的过程，或者说，智能控制是一类无须人的干预就能独立地驱动智能机器实现其目标的自动控制方法。以上各种描述说明：智能控制具有认知和仿人的功能；能适应不确定性的环境；能自主处理信息以减少不确定性；能可靠地进行规划，产生和执行有目的的行为，以获取最优的控制效果。

3.1.3　智能控制的应用

智能控制是自动控制的最新发展阶段，主要用于解决传统控制技术与方法难以解决的控制问题，主要应用场合如下。

（1）具有高度非线性、时变性、不确定性和不完全性等特征，一般无法获得精确数学模型的复杂系统控制问题；

（2）需要对环境和任务的变化具有快速应变能力，并需要运用知识进行控制的复杂系统控制问题；

（3）采用传统控制方法时，必须遵循一些苛刻的线性化假设，否则难以达到预期控制目标的复杂系统控制问题；

（4）采用传统控制方法时，控制成本高、可靠性差或控制效果不理想的复杂系统控制问题。

3.1.4　智能控制的主要研究内容

根据智能控制基本研究对象的开放性、复杂性、多层次和信息模式的多样性、模糊性、不确定性等特点，其研究内容主要包括以下几个方面。

1．智能控制基本机理的研究

智能控制基本机理的研究主要是指对智能控制认识论和方法论进行研究，探索人类的感知、判断、推理和决策等活动的机理。

2．智能控制基本理论和方法的研究

智能控制基本理论和方法的研究主要有以下几个方面的内容。

（1）离散事件和连续时间混杂系统的分析与设计；

（2）基于故障诊断的系统组态理论和容错控制方法；

（3）基于实时信息学习的规则自动生成与修改方法；

（4）基于模糊逻辑和神经网络及软计算的智能控制方法；

（5）基于推理的系统优化方法；

（6）在一定结构模式条件下，系统有关性质（如稳定性等）的分析方法等。

3．智能控制应用的研究

智能控制应用的研究主要是指智能控制在工业过程控制、计算机集成制造系统、机器人、航空航天等领域的应用研究。

3.2　基于模糊控制的智能控制系统

无论是采用经典控制还是采用现代控制理论设计一个控制系统，一般都需要事先知道被控对象精确的数学模型（如模型的结构、阶次、参数等），然后根据数学模型及给定的性能指标，选择适当的控制策略，进行控制器的设计。然而，大量的实践表明，被控对象的精确数学模型一般很难建立，因此很难按照上述过程完成预期的控制目标。与此相反，对于上述难以精确建模的一些生产过程，有经验的操作人员往往可以通过反复的手动调整，达到较为满意的控

制效果。于是，人们开始探索对于无法构造数学模型的控制系统，是否可以使计算机模拟人的思维进行控制。智能控制正是基于以上想法应运而生的。

模糊控制主要研究如何利用计算机来实现人的控制经验，它采用模糊数学的方法，通过一些用模糊语言描述的模糊规则，建立过程变量之间的模糊关系；此后，人们可以根据某一时刻的实际情况，基于模糊规则，采用合适的模糊推理算法获得系统所需的控制量。

3.2.1 模糊控制系统的原理

模糊控制器是模糊控制系统的核心，也是模糊控制系统区别于其他自动控制系统的主要标志。模糊控制系统的原理框图如图 3.4 所示。模糊控制器一般通过计算机软件编程或模糊逻辑硬件电路加以实现，硬件可以是单片机、工业控制机等各种类型的微型计算机；程序设计语言则可以是汇编语言、C 语言或其他高级语言。

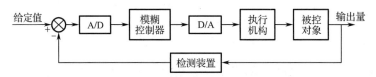

图 3.4 模糊控制系统的原理框图

3.2.2 模糊控制系统的分类

模糊控制系统可以从不同角度进行分类。其按输出信号的时变特性进行分类，可分为恒值模糊控制系统和随动模糊控制系统；按是否存在静态误差进行分类，可以分为有差模糊控制系统和无差模糊控制系统；按系统输入/输出变量的个数进行分类，可以分为单变量模糊控制系统和多变量模糊控制系统。

1. 恒值模糊控制系统和随动模糊控制系统

恒值模糊控制系统是指若系统给定值不变，要求其被控输出量也保持恒定。该系统中影响被控量变化的因素只有进入系统的外界扰动，控制的目的是系统自动克服这些扰动，这种控制系统也可称为自镇定模糊控制系统，如温度模糊控制系统、流量模糊控制系统等。

随动模糊控制系统是指系统给定值不再是恒定不变的，要求其被控输出量按照一定精度要求，快速地跟踪给定值变化，这种控制系统也称模糊跟踪控制系统，如机器人关节位置随动系统、火炮雷达随动系统等。尽管这类系统也存在外界扰动，但对扰动的消除不是控制的主要目的。

对于恒值模糊控制系统来讲，由于被控对象特性和系统运行状态变化不大，对控制器的适应性和鲁棒性要求较高；对于随动模糊控制系统而言，则要求有较强的快速跟踪特性。

2. 有差模糊控制系统和无差模糊控制系统

通常的模糊控制器在设计中只考虑系统输出误差的大小及其变化，相当于一个 PD 调节器，再加上模糊控制器自身所具有的多级继电器特性，因此一般的模糊控制系统均存在静态误差，故可称为有差模糊控制系统。

无差模糊控制系统是指在模糊控制系统中引入积分环节，将常规模糊控制器所存在的静差抑制到最小，达到模糊控制系统某种意义上的无静差要求。

3. 单变量模糊控制系统和多变量模糊控制系统

所谓单变量模糊控制系统是指模糊控制器的输入和输出都只有一个物理变量的系统，多变量模糊控制系统是指控制器的输入（或输出）含有两个或两个以上物理变量的系统。

注意：这里的单变量控制系统和只有一个输入、一个输出的单入、单出控制系统的概念是有区别的。事实上，单变量模糊控制器的输入可以是一维的（偏差），也可以是二维的（偏差和偏差变化），还可以是三维的（偏差、偏差变化和偏差变化的变化）。

3.3　基于神经网络的智能控制技术

一般来说，神经网络用于控制时有两种方式：一种是利用神经网络实现系统建模，有效地辨识系统；另一种是将神经网络直接作为控制器使用，以取得满意的控制效果。

3.3.1　基于神经网络的系统辨识

多年来，对线性、非时变和具有确定参数的系统所进行的辨识研究，已经取得很大进展，但被辨识对象模型结构的选择都是建立在线性系统的基础上的。对大量复杂的非线性对象的辨识，一直未能很好地解决。由于神经网络具有强大的非线性特性和自学能力，因此它在这一方面具有很大的潜力，为解决复杂非线性、不确定性系统的辨识问题开辟了一条有效的途径。基于神经网络的系统辨识，就是将神经网络作为被辨识对象的模型，它可以实现对线性系统与非线性系统、静态系统与动态系统的离线辨识或在线辨识。

1. 系统辨识的基本概念

L.A.Zadeh 曾对辨识下过定义：“辨识就是在输入和输出数据的基础上，从一组给定的模型中，确定一个与所测系统等价的模型。”

根据以上关于辨识的定义可知，辨识有三大要素。

（1）数据：能观测到的被辨识系统的输入/输出数据。

（2）模型类：待寻找模型的范围。

（3）等价准则：辨识的优化目标，用来衡量模型与实际系统的接近情况。

设一个离散非时变系统，其输入和输出分别为 $u(k)$ 和 $y(k)$，辨识问题可描述为寻求一个数学模型，使得模型的输出与被辨识系统的输出 $y(k)$ 之差满足规定的要求，如图 3.5 所示。

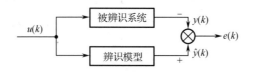

图 3.5　系统辨识原理图

在进行系统辨识时要遵循以下几个基本原则。

（1）输入信号的选择原则。

为了能够辨识实际系统，对输入信号的最低要求是在辨识时间内系统的动态过程必须被输入信号持续激励，反映在频谱上，要求输入信号的频率足以覆盖系统的频谱，更进一步的要求是输入信号应能使给定问题的辨识模型精度足够高。

（2）模型的选择原则。

模型只是在某种意义下对实际系统的一种近似描述，它的确定要兼顾其精确性和复杂性，一般选择能逼近原系统的最简模型。

（3）误差准则的选择原则。

作为衡量模型是否接近实际系统的标准，误差准则通常表示为一个误差的泛函，记作

$$J = \sum_{K=1}^{L} f[e(k)]$$

式中，L 为数据的长度，$f()$ 为 $e(k)$ 的函数，一般选平方函数，即

$$J = \sum_{K=1}^{L} e^2(k)$$

根据图 3.5 可知

$$e(k) = \hat{y}(k) - y(k)$$

由于 $e^2(k)$ 通常是关于模型参数的非线性函数，因此，在这种误差准则意义下，辨识问题可归结为非线性函数的最优化问题。

2．神经网络系统辨识的特点

基于神经网络的系统辨识，就是选择适当的神经网络作为被控对象或生产过程（线性或非线性）的模型或逆模型。

与传统的辨识方法相比，神经网络用于系统辨识具有以下特点。

（1）神经网络本身作为一种辨识模型，其可调参数反映在网络内部的连接权值上，因此不再要求建立实际系统的结构模型，便可以省去对模型的结构、阶次（维数）辨识这一步骤。

（2）可以对本质非线性系统进行辨识，辨识过程在网络外部表现为对系统输入/输出数据的拟合，而在网络内部是通过归纳隐含在输入/输出数据中的系统特性加以完成的。

（3）辨识的收敛速度不依赖待辨识系统的维数，只与神经网络的拓扑结构及所采用的学习算法有关；传统的辨识算法一般会随模型维数的增大而变得非常复杂。

（4）在辨识过程中，系统模型的参数对应于神经网络中的权值、阈值，通过调节这些权值、阈值可使网络输出逼近系统输出。

神经网络的系统辨识可以分为在线辨识和离线辨识两种。在线辨识是在系统实际运行过程中完成的，辨识过程要求具有实时性。离线辨识是在取得系统的输入/输出数据后进行辨识的，因此，辨识过程与实际系统的运行是分离的，无实时性要求，离线辨识能使网络在系统工作前，预先完成学习，但输入/输出训练集很难覆盖系统所有可能的工作范围，而且难以反映系统在工作过程中的参数变化。

在实际应用中，一般是先进行离线训练，得到网络的权系数，然后再进行在线学习，将得到的权值作为在线学习的初始权值，以便加快后者的学习过程。由于神经网络具有自学能力，因此在被辨识系统特性变化的情况下，神经网络能通过不断地调整权值和阈值，自适应地跟踪被辨识系统的变化。

3.3.2　基于神经网络的控制

神经网络用于控制的优越性主要表现在以下几个方面。

（1）采用并行分布信息处理方式，具有很强的容错性。神经网络具有高度的并行结构和

并行实现能力,因而具有较快的总体处理能力和较好的容错能力,这特别适用于实时控制过程。

（2）神经网络的本质是非线性映射,它可以逼近任意非线性函数,这一特性为非线性控制问题带来了新的希望。

（3）通过对训练样本的学习,可以处理难以用模型或规则描述的过程和系统。由于神经网络是根据系统过去的历史数据进行训练的,一个经过适当训练的神经网络具有归纳全部数据的能力。因此,神经网络能够解决用控制算法或控制规则难以处理的控制问题。

（4）硬件发展迅速,为提高神经网络的应用开辟了广阔的道路。神经网络不仅能通过软件,而且可借助硬件电路实现并行处理。近年来,由一些超大规模集成电路实现的硬件已经面市,这使神经网络快速、大规模处理信息的能力进一步提高。

显然,神经网络所具有的自学习和自适应、自组织及大规模并行信息处理等特点,使其在自动控制领域具有广阔的应用前景。

1. 神经网络前馈控制的基本原理

图 3.6 所示为一般反馈控制系统的原理框图。

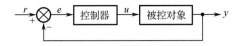

图 3.6　一般反馈控制系统的原理框图

采用神经网络作为前馈控制器的系统的原理框图如图 3.7 所示。

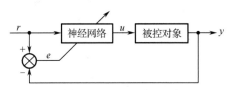

图 3.7　采用神经网络作为前馈控制器的系统的原理框图

设被控对象的输入 u 和系统输出 y 之间满足如下非线性函数关系:

$$y = f(u)$$

控制的目的是确定最佳的控制量输入 u,使系统的实际输出 y 等于期望的输出 r。在该系统中,可把神经网络的功能看作输入、输出的某种映射,或称函数变换,并设它的函数关系为

$$u = g(r)$$

为使系统输出 y 等于期望的输出,由以上两式可得

$$y = f[g(r)]$$

显然,当 $g() = f^{-1}()$ 时,满足 $y = r$ 的要求。

由于要采用神经网络控制的被控对象一般是复杂的且大多具有不确定性,因此非线性函数一般难以建立。尽管 $f()$ 未知但可以利用神经网络所具有的逼近任意非线性函数的能力来模拟 $f^{-1}()$。通过系统的实际输出 y 与期望输出 r 之间的误差来调整神经网络中的连接权值,即通过神经网络学习,使误差趋近 0 的过程,实际上是神经网络模拟 $f^{-1}()$ 的过程,也就是神经网络模拟对被控对象的一种求逆过程,由神经网络建立被控对象的逆模型就是神经网络实现直接控制的基本原理。

2．神经网络在控制系统中的作用

神经网络在控制系统中的作用分为以下几种。

（1）在基于精确模型的各种控制系统中充当对象的模型；

（2）在前馈（或反馈）控制系统中直接充当控制器；

（3）在传统控制系统中起优化计算作用；

（4）在与其他智能控制方法的融合中，实现参数优化、模型推理及故障诊断等功能。

3．神经网络控制的基本结构

神经网络在控制器中的应用一般分为两类：一类是直接神经网络控制，它以神经网络为基础形成独立的智能控制系统；另一类是混合神经网络控制，它利用神经网络的学习和优化能力来改善其他控制方法的控制性能。

目前常用的神经网络控制方式有以下几种。

1）神经网络 PID 控制

它是在实际控制系统中使用最广泛的一种控制方式。首先利用神经网络辨识器（NNI）对被控对象进行在线辨识，然后利用神经网络控制器（NNC）模拟 PID 调节器进行控制，其结构如图 3.8 所示。

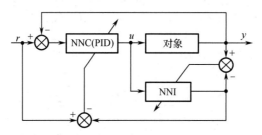

图 3.8　神经网络 PID 控制

2）直接逆控制

直接逆控制属于前馈控制，也称直接自校正控制，其结构图如图 3.9 所示，EF 为评价函数。神经网络训练的目的就是逼近系统的逆动力学模型。

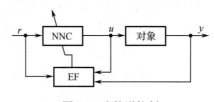

图 3.9　直接逆控制

这种控制方案的优点是能够在线调整控制器参数，实现对设定值的实时跟踪。

3）模型参考自适应控制

模型参考自适应控制（Mode Reference Adaptive Control，MRAC）利用 NNC 和 NNI 跟踪对象的参考模型，使其输出为期望输出，根据神经网络的自调整功能实现在线辨识控制，使 y 跟踪 y_M，其结构图如图 3.10 所示。

4）内部模型控制

神经网络内部模型控制（Internal Model Control，IMC）先利用 NNI 对被控对象进行在线辨识,然后利用 NNC 实现对象的逆模型,再利用滤波器进一步提高系统的鲁棒性。其控制器输出由被控对象与内部模型的输出误差来调整。内部模型控制以较强的鲁棒性和易进行稳定性分析等特点在过程控制中得到广泛应用。图 3.11 为其结构图,其中 d 为对象的扰动值。

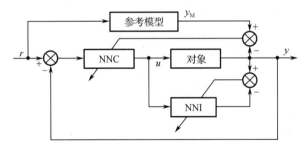

图 3.10　模型参考自适应控制

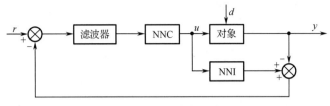

图 3.11　内部模型控制

5)前向反馈控制

这种结构是基于鲁棒性问题而提出的。它利用 NNC 作为前馈控制器,实现对象的逆模型,采用常规控制器作为反馈控制器。在控制的开始阶段,误差 e 比较大,常规控制器起主导作用;当误差 e 逐渐减小并趋近 0 时,神经网络前馈控制器开始起主导控制作用。此外,常规控制器可以通过反馈起有效抑制扰动的作用。图 3.12 为其结构图,d 为对象的扰动值。

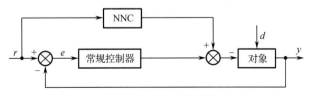

图 3.12　前向反馈控制

6)预测控制

预测控制是一种基于模型的控制,其算法主要由模型预测、滚动优化和反馈校正三部分组成。利用神经网络的非线性函数逼近能力,可以实现对非线性对象的预测,从而保证优化目标的实现。图 3.13 为其结构图,图中 NNP 为神经网络预测器。

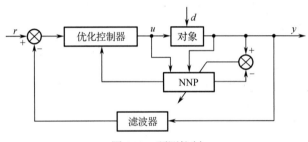

图 3.13　预测控制

3.4 仿人智能控制

智能控制从根本上说是要仿效人的智能行为进行控制和决策，即在宏观结构上和行为功能上对人的控制进行模拟。

大量的实验表明：在进行必要的操作训练后，由人作为控制器的控制方法完全可以达到（或接近）最优的控制效果。仿人智能控制不需要了解被控对象的结构和参数，它可以根据积累的经验和知识在线确定（或变换）控制策略。因此，开展仿人智能控制的研究，是目前智能控制研究的一个重要方向。

3.4.1 仿人智能控制的基本思想

对于大多数工业被控对象来说，由于它固有的惯性、纯滞后性、非线性，参数的时变性和外部环境扰动的不确定性，控制问题变得十分复杂，采用线性组合的 PID 控制往往难以取得满意的控制效果。

下面着重分析 PID 控制中三种控制作用的实质，以及它们与人的控制思维之间的差异。

1. 比例作用

比例作用实质是一种线性放大或缩小的作用，它有些类似于人脑的想象功能，人可以把一个量想象得大一些或小一些，但人的想象力具有非线性和时变性，人可以根据情况灵活地将其放大或缩小。

2. 积分作用

积分作用实际上是对偏差信号的记忆能力，人脑的记忆功能是人类的一种基本智能，具有某种选择性。人总是有选择地记忆某些有用的信息，而遗忘无用或长时间的信息；而 PID 控制中的积分是不加选择的长期记忆，其中包括对控制不利的信息，因此这种不加区分的积分作用缺乏智能性。

3. 微分作用

微分作用体现了信号的变化趋势，这种作用类似于人的预见性，但 PID 控制中微分的预见性缺乏人的远见卓识，且只对变化快的信号敏感，对变化慢的信号预见性差。

从上述分析可以看出，常规 PID 控制中的比例、积分和微分三种控制作用，对于获得良好控制来说都是必要条件，但不是充分条件。

下面通过分析二阶系统的单位阶跃响应曲线（见图 3.14），找出经典控制方法的利弊，从而引出仿人智能控制的一些基本思想。

（1）OA 段：这一段为系统在控制信号作用下由静止向稳态转变的关键阶段。由于系统具有惯性，这一段曲线呈倾斜方向上升趋势。

为了获得好的控制特性，在 OA 段应该采取变增益控制。当输出达到稳态值时，由于本身的惯性，系统输出不会保持在稳态值，这势必会造成超调。为了使系统输出既快又不至于超调过大，一个自然而又合理的想法是：当系统输出上升到接近稳态（其误差 l_1 如图 3.14 所示）时，降低比例控制作用，使系统借助惯性继续上升，这既有利于减小超调而又不至于影响上升时间。

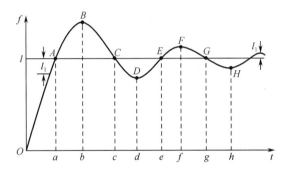

图 3.14　二阶系统的单位阶跃响应曲线

（2）*AB* 段：系统输出值已超过稳态值，向误差增大的方向变化，到 *B* 点时误差达到了负的最大值。在 *AB* 段，控制作用应该尽力压低超调，除了采用比例控制外，应加入积分控制，以便通过对当前误差的积分而增强比例控制作用，使系统输出尽快回到稳态值。

（3）*BC* 段：在这一段误差开始减小，系统在控制作用下已呈现向稳态变化的趋势。这时若再继续施加积分作用，则会由于控制作用太强，使系统出现回调现象，因此此段不应施加积分作用。

（4）*CD* 段：系统输出减小，误差向相反方向变化，并有增大的趋势。此种情况，应采用比例控制和积分控制。

（5）*DE* 段：系统呈现误差逐渐减小的趋势，控制作用不宜太强，否则会出现再次超调，显然这时不应施加积分作用。

由二阶系统的阶跃响应特性的分析可以看出：自动控制系统在动态过程中，被控变量是不断变化的。为了获得良好的控制性能，在控制决策过程中，经验丰富的操作者并不依据数学模型进行控制，而是根据操作经验及控制系统的动态特征，在线改变或调整控制策略，以便使控制器本身的控制规律适应控制系统的需要。仿人智能控制的基本思想：在控制过程中利用计算机模拟人的控制行为，最大限度地识别和利用控制系统在动态过程中所提供的特征信息，进行启发和直觉推理，从而实现对缺乏精确模型的对象进行有效的控制。

3.4.2　仿人智能控制行为的特征变量

为了有效地模拟人的智能控制行为，并应用计算机实现智能控制，必须通过一些变量来描述控制系统的动态行为，表征其动态特征。

通常，系统输出值和给定值之间的误差 e 和误差变化 Δe 比较容易得到，因而它们都可以用作控制器的输入变量。但如果只根据误差 e 的大小进行控制，那么对于一些复杂系统，则很难取到满意的控制效果。例如，当被控系统误差较大，而又向减小误差方向快速变化时，如果只根据误差较大而不考虑误差迅速变化的因素，必然采用比较大的控制量，使系统尽快消除大的误差，这样的控制势必导致调节过头而又出现反向误差的不良后果。

当采用两个输入变量 e 和 Δe 进行控制时，可以避免上述问题的盲目性。因此，可以得出这样的结论：一个人工控制的复杂系统，在控制过程中，人对被控系统的状态、动态特征及行为了解得越多，控制的效果就会越好。

下面就从误差 e 和误差变化 Δe 这两个基本的控制变量出发，引出其他特征变量，以便从动态过程中获取更多的特征信息进而利用这些信息更好地设计仿人智能控制器。图 3.14 为二阶系统的典型单位阶跃响应曲线。现令 e 表示离散系统当前采样时刻的误差值，e_{k-1} 和 e_{k-2} 分

别表示前一个采样时刻的误差值和前两个采样时刻的误差值，则有

$$\Delta e_k = e_k - e_{k-1}$$

$$\Delta e_{k-1} = e_{k-1} - e_{k-2}$$

$$\Delta^2 e_k = e_k - e_{k-1} = e_k - 2e_{k-1} + e_{k-2}$$

1. $e \cdot \Delta e$

误差 e 同误差变化 Δe 的积构成了一个新的描述系统动态过程的特征变量，利用该特征变量的取值是否大于零，可以描述系统动态过程误差变化的趋势。在动态系统响应曲线的不同阶段，特征变量 $e \cdot \Delta e$ 的取值符号如表 3.1 所示。

表 3.1 特征变量 $e \cdot \Delta e$ 的取值符号

变 量	OA 段	AB 段	BC 段	CD 段	DE 段
e_k	>0	<0	<0	>0	>0
Δe_k	<0	<0	>0	>0	<0
$e_k \cdot \Delta e_k$	<0	>0	<0	>0	<0

当 $e \cdot \Delta e < 0$ 时，动态过程朝着误差减小的方向变化，即误差的绝对值逐渐减小。

当 $e \cdot \Delta e > 0$ 时，如 AB 段和 CD 段，表明系统的动态过程朝着误差增加的方向变化，即误差的绝对值逐渐增大。

在控制过程中，计算机很容易识别 $e \cdot \Delta e$ 的取值符号，从而掌握系统动态过程的行为特征，以便更好地制定下一步的控制策略。

2. $\Delta^2 e$

$\Delta^2 e$ 为误差的变化率，即二次差分，它是描述动态过程的又一个特征变量。例如，对于图 3.14 所示的曲线，有

ABC 段：$\Delta^2 e > 0$，处于超调段；

CDE 段：$\Delta^2 e < 0$，处于回调段。

通过对以上两个特征变量的分析可知，特征变量是对系统动态特性定性与定量相结合的一种描述，它是对人们形象思维的一种模拟。

仿人控制经常采用的特征变量还有以下三个：

（1）$\Delta e_k \cdot \Delta e_{k-1}$；

（2）$\left| \dfrac{\Delta e_k}{e_k} \right|$；

（3）$\left| \dfrac{\Delta e_k}{\Delta e_{k-1}} \right|$。

3.5　小结

智能控制的研究虽然取得一些成果，但实质性进展甚微，理论方面尤其突出，其应用则主要是解决技术问题，对象具体而单一。子波变换、遗传算法与模糊控制、神经网络的结合，

以及混沌理论等，将成为智能控制的发展方向。智能控制发展的核心仍然是由神经网络的强大自学习功能与具有较强知识表达能力的模糊逻辑推理构成的模糊逻辑神经网络。

要做到智能自动化，把机器人的智商提高到智人水平，还需要数十年。微电子、生命科学、自动化技术突飞猛进，为 21 世纪实现智能控制和智能自动化创造了很好的条件。人们对这门新学科今后的发展方向和道路已经达成一些共识：

（1）研究和模仿人类智能是智能控制的最高目标；

（2）智能控制必须靠多学科联合才能取得新的突破；

（3）智能的提高，不能全靠子系统的堆积，要做到"整体大于组分之和"，只靠非线性效应是不够的。

为了实现目标，不仅需要技术的进步，更需要科学思想和理论的突破。很多科学家坚持认为，这需要发现新的原理，或者改造已知的物理学基本定理，才能彻底懂得和仿造人类的智能，才能设计出具有高级智能的自动控制系统。科学界要为保障人类和地球的生存与可持续发展做出必需的贡献，而控制论科学家和工程师应当承担主要的使命。

第4章 车间智能管控技术

4.1 概述

近年来，由信息技术引领的新一轮科技革命和产业变革逐渐席卷全球，信息化与工业化的深度融合，促使制造业向数字化、智能化、服务化方向发展，为我国制造业转型升级提供了新的方向。车间智能管控系统是智能制造的核心组成部分，改变了传统制造业的生产经营模式和管理决策模式，具有重要的研究价值。

世界金融危机后，全球新一轮产业变革蓬勃兴起，制造业重新成为全球经济发展的焦点。世界上主要发达国家采取了一系列重大举动推动制造业转型升级，德国依托雄厚的自动化基础，推动工业 4.0；美国在实施先进制造战略的同时，大力发展工业互联网；法国、日本、韩国、瑞典等国也纷纷推出制造业振兴计划。各国新型制造战略的核心都是通过构建新型生产方式与发展模式，推动传统制造业转型升级，重塑制造强国新优势。与此同时，数字经济浪潮席卷全球，驱动传统产业加速变革，特别是以互联网为代表的信息通信技术的发展极大地改变了人们的生活方式，其构建新的产业体系，并通过技术和模式创新不断渗透影响实体经济领域，为传统产业变革带来机遇。美国通用电气公司（GE）工业互联网、德国工业 4.0、日本互联工业，以及中国的智能制造和工业互联网等战略的技术核心都可以概括为赛博物理系统（Cyber-Physical Systems，CPS），都体现了基于新一代信息技术实现物理实体与数字虚体深度融合的发展趋势。

传统的管控系统主流包括 MES 制造执行系统、SCADA 数据采集与监视控制系统、ERP 企业资源管理系统。作为制造企业连接管理层和现场控制层的信息化系统，管控系统在车间生产管理、数据采集、生产监控和资源调配方面发挥了重要作用。但是其中许多弊端在工业互联网这个时代大背景发展的路途中越发显现出来。这是由于一些传统制造企业都是重硬轻软，不注重生产管理理念的规划，在车间信息化建设条块分割、信息孤岛现象严重情况下，没有将工业互联网理念、数字化制造技术、行业制造知识、现场操作常识和软件的设计规划相结合，缺乏一个整体的智能制造的规划。在产品全生命周期的管理服务这个应用场景方面，传统的管控系统仅描述产品的最终状态，缺乏互联网技术对产品的全生命周期中各个工序状态的信息化管理。另外，传统的管控系统在生产过程优化这个应用场景过于针对单一设备、单一工艺和单一工作流程，没有在整体生产互联互通方面进行整合，工作流程也仅仅起单纯的控制作用，在复杂制造生产环境下缺乏一个灵活应变的方式。

当前一些工业信息化系统在从纸面上看功能比较齐全，但是由于系统软件框架版本老旧、通信协议的不一致、通信接口各式各样，只能满足某些特定的设备和特定领域，通用性和继承性差。在进行工厂新的产线建设时，新的智能设备无法融入总系统，无法满足设备的更新换代要求，在工业建设方面会造成很大浪费。传统的生产管控系统难以对设备进行整体管理，都是面向特定领域的某些产品进行开发的，系统冗余度大、高度耦合、低内聚，在功能方面缺乏一个可扩展的方式。在对外连接方面，缺乏对各级系统进行联动的接口。这些都会导致难以达到预定目标。

4.2　RFID 技术

4.2.1　RFID 技术概述

射频识别（RFID）技术作为物联网的关键支撑技术之一，是物联网对物理世界进行智能感知、信息采集和自动控制的桥梁。RFID 系统由读写器（Reader）、标签（Tag）和终端服务器（Back-End Server）组成。其中，读写器利用射频信号对其覆盖范围内的标签发出指令并提供能量；标签携带全球唯一的 ID 号，以标识贴附目标对象，通过电感或电磁耦合的方式响应读写器，完成感知定位、身份识别与信息交互；终端服务器通过解析读写器传递的标签信息，实现对标签的高效管理，并为上层应用提供数据支持。按照通信频段的不同，RFID 系统分为低频 RFID 系统、高频 RFID 系统、超高频 RFID 系统和微波 RFID 系统等。其中，超高频 RFID 系统因具有移动式、远距离、多目标快速识别等优势，在降低生产成本、提高工作效率和促进物流信息化等方面发挥了重要作用。在空中接口协议 ISO/IEC 18000-6 系列的推动下，超高频 RFID 系统的实用性、可靠性与兼容性得到质的提升，成为最具前景的无线射频识别技术之一。同时，生产工艺和相关技术的提升进一步降低了超高频 RFID 标签的部署成本，使其在可视化人员、物品的智能监控与追溯等领域得到广泛应用。另外，RFID 技术的显著优势受到了国家的高度关注，巨大的市场需求与积极的政策引导推动了 RFID 产业在国内的迅速发展。2006年，科技部、信息产业部等 15 个部委发布《中国射频识别（RFID）技术政策白皮书》，拉开了我国对 RFID 关键技术研究和规模化应用的序幕。国家"十四五"规划明确指出："推动物联网全面发展，将物联网纳入七大数字经济重点产业，并对物联网接入能力、重点领域应用等作出部署。"据 ID TechEx 的最新报告，2021 年全球 RFID 市场价值已达到 116 亿美元，并将于 2026 年升至 186.8 亿美元。

4.2.2　RFID 系统架构

一个典型的 RFID 系统主要包括标签、读写器和终端服务器三部分，其基本结构如图 4.1所示。

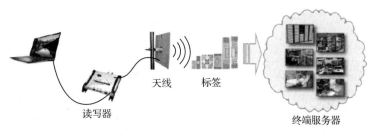

天线　　标签

读写器

终端服务器

图 4.1　RFID 系统的基本结构

1. 标签

RFID 标签是 RFID 系统中的主要数据载体，包含负责收发无线射频信号的天线和集成芯片等必要组件。集成芯片由微处理器和存储单元构成。其中，微处理器主要负责信号的编码、解码、调制和解调，并对读写器的命令进行解析和处理；而存储单元保存了全球唯一的 96 位电子产品代码，其在后文中用 ID 表示。此外，存储单元还可记录标签的其他数据信息，如物品属性及周围环境的温度、湿度等。根据不同的供电方式，标签可分为无源标签、半无源标签和有源标签三类。其中，无源标签也称被动式标签，其本身没有能源，通过收集读写器发送的射频载波能量实现自供电，然后调整集成芯片和天线间的匹配状态并将需要发送的数据信息反射到读写器，即反向散射通信。无源标签因具备体积小、制作成本低和耐久性高等优点，在市场上得到广泛应用。然而，无源标签的识别距离较短，且需要不断获取能量才能被激活；半无源标签的通信方式与无源标签相同，但其内置了一颗电池，用于为芯片内部工作提供辅助能量，因此标签灵敏度更高，通信距离更远；有源标签能主动向读写器发送数据信息，故又称主动式标签，其本身携带电池以提供工作所需能量。相比其他两类标签，有源标签具有较远的通信距离与较高的存储能力，但也存在制作成本高、使用寿命短、需定期更换电池以维持工作等缺陷。

2. 读写器

读写器是 RFID 系统的核心组件，其利用射频信号为标签供电，并以无线通信的方式收集工作范围内的标签 ID 及其他存储信息。通过将信息交付给终端服务器进行处理，读写器可实现对标签的自动识别与信息采集。读写器主要由天线、射频模块和信号处理与控制模块组成。其中，天线通过将电信号转化为射频信号，实现数据的传输和能量的供应；射频模块负责信号的调制和解调，并完成射频信号与基带信号之间的转换；信号处理与控制模块则控制读写器与标签之间的通信，完成对数据的编解码、加密及校验等工作。此外，读写器上配有 RS485、GSM、Wi-Fi 和 USB 等多个输出接口，可根据需求进行选择。按照应用场景的不同，读写器可以分为手持便携式读写器和固定式读写器等。其中，手持便携式读写器采用电池供电，可方便移动到不同区域工作，在仓储及资产管理等领域应用广泛；固定式读写器则将射频模块和信号处理与控制模块固定安装在应用环境中，可实现标签的高识读率和快速读写处理，适用于门禁系统、自动化生产等场景。

3. 终端服务器

终端服务器是 RFID 系统的控制和逻辑中枢，其通过高速以太网链路与读写器相连，负责向读写器发送控制查询命令、存储 RFID 数据并挖掘数据中的关键信息。其中，终端服务器的丰富存储空间可使读写器快速获取所需信息，并为上层应用提供数据支持。同时，终端服务器具备强大的计算能力，可承担读写器所需的复杂计算任务，实现接收数据的处理与分析，显著降低读写器的成本。

4.2.3 RFID 通信频段

RFID 系统的通信频段分为低频、高频、超高频和微波等。在不同通信频段下，RFID 系统的工作方式、识别距离、读写器与标签之间的实现程度及设备成本均存在差异。

超高频（Ultra-High Frequency，UHF）RFID 系统的工作频段主要有 433MHz 和 860～960MHz 两种。其中，433MHz 频段系统中的标签通常内置电池，其可为标签提供更多的能量和更高的信号强度，实现长达 40～80m 的通信距离。因此，该频段 RFID 系统的成本较高，适用于高速公路收费、资产追踪和石油天然气采集等应用场景。860～960MHz 频段系统常采用被动的无源标签，其读取范围通常小于 10m，相比低频和高频系统能达到更快的数据传输速率，适用于对读取速度要求较高的场景。该频段在全球无线电使用中受到管制，在不同国家的具体使用频率存在部分差异。例如，欧洲和部分亚洲区域的使用频率为 868MHz，北美定义的频段为 902～928MHz，而日本建议的频段为 950～956MHz。相比低频系统和高频系统，超高频 RFID 系统凭借非视距识别、长识别距离、高可靠性等优势，成为目前发展最为迅速、前景最为广阔的 RFID 技术之一。在标准化通信协议 EPC C1G2 的推动下，不同厂商之间的 RFID 设备实现了有效兼容，促使超高频 RFID 能够在大规模、分布式系统中广泛部署，覆盖了仓储管理、物流追踪、智能零售、车辆管理、智能电网等众多领域，得到学术界与产业界的高度关注与认可。然而，如何对大规模 RFID 标签进行有效管理和信息采集，解决现有方法因识别效率低而导致补货不及时、数据不精准和盘点耗时长等诸多问题，成为当前研究和管理人员的新挑战。

4.2.4　RFID 通信方式

在 RFID 系统中，读写器与标签之间通过电磁波实现通信。根据感应方式的不同，通信方式分为电感耦合和电磁耦合两种。其中，电感耦合依据电磁感应定律，通过高频交变磁场实现耦合，其典型的通信距离为 10～20cm，适用于低频和高频 RFID 系统的近距离通信识别。另外，电磁耦合又称反向散射通信，是超高频 RFID 系统的主要通信方式，其 RFID 系统的工作原理如图 4.2 所示。

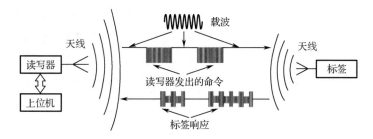

图 4.2　电磁耦合 RFID 系统的工作原理

在电磁耦合中，读写器通过偶极子天线持续发送连续载波并携带相关命令。到达标签的部分射频能量被标签吸收，并经由整流电路转化为直流能量以激活标签芯片，另一部分的射频信号则通过标签解调电路转换为数字信号进行解析。通过调节电路阻抗的大小来改变标签与天线的匹配状态，标签可将其响应数据以不同强度散射至不同方向。读写器可从各个方向接收标签散射信号获取标签信息，进而完成标签识别与数据采集。反向散射的通信距离受读写器的发射信号强度、标签灵敏度和读写器接收灵敏度的影响。目前，超高频 RFID 系统的广泛研究使标签的尺寸逐渐减小、功耗逐渐降低，从而提升了标签灵敏度。同时，小型化高性能的收发链路研究也使读写器接收灵敏度显著提升。因此，电磁耦合 RFID 系统较电感耦合 RFID 系统能到达更远的通信距离。

4.2.5　RFID 标准体系

RFID 系统的空中接口协议规范了读写器与标签之间的通信方式与通信参数，对读写器与标签的设计、测试、生产与应用具有重要的指导意义，是众多 RFID 关键技术的集中体现。因此，各国学术界与产业界竞相将各自的核心专利与技术带入空中接口通信协议中。目前，RFID 的标准体系形成了以欧洲的 ISO/IEC（国际标准化组织/国际电工委员会）、美国的 EPC Global 和日本的 UID 为主的三大组织。其中，针对 860～960MHz 频段的 ISO/IEC 18000-6 系列定义了三种类型的通信标准：Type A、Type B 与 Type C。其中，Type C（EPC C1G2）在标签识别速度、防碰撞机制、抗干扰能力及标签信息安全等方面较其他系列标准有大幅改进，有效提高了 RFID 系统性能，成为当前应用最广泛的技术标准之一。同时，我国也开展了 RFID 标准体系的研究，出台了超高频 RFID 国家标准 GB/T 29768—2013。

4.3　物流仿真技术

4.3.1　物流系统

物流系统就是一个具有某种特定功能的有机整体。若分析其构成，物流系统主要包括装卸和搬运机械、包装设备、运输工具、所要运转的物资、通信联系设备及相关操作人员等。此外，物流系统有特定的空间和时间限制。物流系统为了使企业物流合理化，实现时间和空间的效益，并将企业的产品迅速完好地送到消费者手中，必须保证要运输的产品量足、质好、准时、相关配套齐全。由于物流系统同企业的实际生产活动紧密相关，因此，提高企业生产效率的方法之一就是物流合理化。

物流仿真在物流系统优化中已逐渐显现出其重要作用，我国物流发展水平和研究应用能力还不尽如人意，物流企业或企业物流在面临物流工程项目投资新建或原有系统技术改造时，由于缺乏准确丰富的信息数据和必要的物流仿真系统决策支持，造成企业物流项目建设投入的盲目性和资金流失。物流仿真借助计算机技术对物流系统进行真实模仿，通过仿真实验得到各种动态活动及过程瞬间仿效记录，进而验证物流工程项目建设的有效性、合理性和优化效果。

4.3.2　物流仿真软件

物流仿真软件在很多发达国家发展很快，一些大型国际企业，甚至当地的中小型企业也都采用相应的仿真软件，并在应用中取得了很好的经济效益。

随着计算机技术和仿真技术的发展，目前有很多物流仿真软件可供选择。物流仿真软件有不同的分类方法。根据软件结构形式，物流仿真软件有结构型（Hierarchical）和分散式（Discrete Manufacturing）两大类型。

根据动画表现形式，物流仿真软件可分为 2D 类（如 ARENA、eM-Plant、EXTEND）和 3D 类（FlexSim、AutoMod、RaLC、WITNESS），2D 是指动画表现形式为二维平面形式，3D 是指动画表现形式为三维立体形式。大多数 3D 类物流仿真软件能在 2D 形式下表现，如 FlexSim，建模可在 2D 环境下进行，在 2D 环境下的建模过程中，自动生成了 3D 模型，建立 3D 模型不需要另外花费时间。有些 2D 类物流仿真软件通过其他工具的辅助也可表现为 3D 形式，如 EXTEND、WITNESS。

根据建模方法，物流仿真软件可分为部件固定类（如 ARENA、WITNESS、EXTEND、AutoMod、RaLC 等）和部件开放类（如 FlexSim、eM-Plant 等）。本质上，物流仿真软件的建模方法大同小异，都是通过组合预先准备好的部件来建模。其中，用户不能够定制部件的软件为部件固定类物流仿真软件，用户能够定制部件的软件为部件开放类物流仿真软件。部件开放类物流仿真软件更具通用性和扩展性，由于用户定制的部件可被其他用户利用，部件库将会越来越大，从而加快建模速度。

根据物流仿真软件的来源，物流仿真软件可分为普适性类和物流专业类。普适性类物流仿真软件指该软件不但可以用于物流仿真，而且可以应用到其他行业，EXTEND 仿真软件既可用于政府流程、公共事业管理、认知建模和环境保护等仿真模拟，也可用于工厂设计和布局、供应链管理、物流、生产制造、运营管理等物流行业。而物流专业类物流仿真软件专门针对物流行业的应用开发，如 FlexSim 和 AutoMod。

随着技术的发展进步，物流仿真软件的性能也得到不断的完善和提升，其发展趋势主要体现在以下几个方面。一是动画功能强化的趋势。随着计算机处理速度的提高，各物流仿真软件制造商都在不断提高模型的动画表演功能。特别是 20 世纪 90 年代后研制的仿真软件，更是将现代的图像处理技术融入仿真模型中，可直接将大众化的 3D 图形文件（如*.3DS、*.VRML、*.DXF 和*.STL）调到模型中，进行更直观的 3D 动画表演。二是附加优化功能的趋势。供需链管理目前正朝着优化和协同两个方向发展，由此带动了供需链系统建模技术的日益完善。建模手段和模型的求解方法愈加丰富，引入了各种新的和改进的优化技术。仿真不是优化工具，而是对提出的方案进行评估的工具。但是仿真和优化相结合的情况越来越多。在仿真系统中，可以利用优化功能求出最佳的参数或逻辑。应用于物流仿真软件中的优化工具有 OptQuest，许多仿真软件把 OptQuest 作为可选项，但也有个别的物流仿真软件（如 FlexSim）将 OptQuest 同捆于软件中。三是与其他工具（系统）的连接趋势。最新的物流仿真软件可与 ERP 系统、仓库管理系统、实时数据管理系统等相连接。在 ERP 系统、仓库管理系统、实时数据管理系统中设置若干个数据采集点，这些数据实时提供给仿真系统，达到实时仿真的效果。四是网络化趋势。随着物流供需链的发展，物理上供应链的分布越来越分散、越来越网络化，这使得仿真建模不能仅仅局限在定点，在静态的方式下，需要网络化的发展，互联网条件下的供需链建模和仿真的研究已经迫在眉睫。

随着计算机技术的发展和新的建模方法、建模手段的产生，物流仿真软件将逐渐完善并更广泛地应用到物流系统设计、规划当中，取得更多的成果。

4.3.3 物流仿真应用案例（船厂生产物流仿真）

1. Plant Simulation

Plant Simulation 是生产物流仿真方面应用较多的软件，又名为 eM-Plant。

目前，国内外关于仿真应用可行性的研究有很多。由于 Plant Simulation 采用面向对象的思想和进程交互的仿真算法，操作方便且更符合生产实际，而且其逻辑分析功能强大，因此本案例以 Plant Simulation 为平台进行研究。

2. 船厂生产物流仿真目标

船厂生产物流仿真是"智能制造"这一愿景中的重要组成部分。目前，国内的大部分船厂还是采用劳动密集型生产的方式，生产计划往往是管理人员用其经验编制的，而且现场调度也存在一定的随机性，所以船厂的生产很粗放，生产过程中存在很大的资源浪费现象。越来越多的船厂经营管理人员希望通过对船厂生产物流系统的仿真来帮助解决计划编排问题，以及在进行实际生产之前先通过仿真来发现生产过程中可能发生的问题，以实现合理生产的目标，尽可能减少生产成本。

1）通过仿真检验生产计划的合理性

某船厂的生产计划是根据生产管理人员的经验编制的，实际生产情况和计划有所偏差，所以该船厂希望通过仿真来验证已定计划的合理性,若不合理,则希望通过仿真得到一个更加合理的计划方案,或者调整生产资源使生产计划可以按时完成。

2)寻找生产瓶颈,合理配置资源

某船厂各生产中心生产能力存在一定的差异,而车间内部也存在很多生产设备、工作人员闲置的现象,所以希望通过仿真来寻找生产瓶颈,并对生产中心的资源(生产设备、工作人员、吊车等)配置进行合理的调整,使得资源利用水平和车间生产能力提高,从而能够按时完成生产计划。

3. 船厂生产物流仿真实例模型

某船厂占地面积约为 536 公顷,生产能力为年产船舶 400~450 万载重吨,产品主要有散货船、油船、集装箱船和 LNG(液化天然气)船。该船厂生产中心有切割加工中心、小组立生产中心、平面分段生产中心、曲面分段生产中心、上层建筑生产中心、舾装生产中心、涂装中心、总装中心、动力中心等,如图 4.3 所示。本模型中的对象参数根据调研所得的实际生产数据来制定,不考虑船厂生产计划中的时间余量。

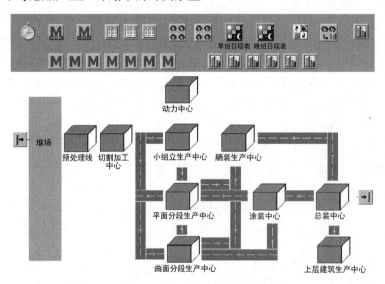

图 4.3　船厂全局仿真模型

4.4　智能调度技术

4.4.1　车间运行优化核心——智能调度技术

近年来,随着大规模定制和协同生产模式的发展,制造企业需要获取用户的个性化定制数据和分布式环境下的车间制造数据,实现生产资源的合理配置。一些明显的环境和产业变化,使得制造业的服务化成为一种世界范围内的新趋势。这些变化主要表现在以下三个方面。

(1)消费行为的转变。终端用户由传统的对产品功能的追求,转变为基于产品的更加个性化的消费体验和心理满足的追求。这使制造业服务在制造环节更加贴近用户的需求和满足心理,最终表现为对用户服务价值实现的追求。

(2)企业间合作和服务的趋势。由传统的单个核心企业转变为企业间密切的合作联系,企业间通过密切的交互行为充分配置资源，形成密集、动态的企业服务网络。

（3）企业模式的转变。世界典型的大型制造企业纷纷由传统的产品生产商转变为基于"产品组合+全生命周期服务"的方案解决商。制造系统智能调度是指利用人工智能技术，依靠具备自主感知、学习、分析、决策和协调控制的智能化设备，结合互联网来进行制造企业生产的动态协同自适应的管理活动。面对企业与企业之间、车间与车间之间互联程度越来越高的复杂环境，现代化制造系统逐渐向大数据和智能化系统演变。因此，优化智能调度是企业快速响应市场变化、组织高效生产和满足用户多样化需求的根本途径，也是制造系统运行优化的核心。只有这样，才能逐渐降低制造企业的生产成本，提升排产效果，提高经济价值。

4.4.2　车间智能调度结构体系

制造系统调度问题是基于数学模型来描述的，了解调度问题的实质需要从数学模型入手进行分析比较。在理解模型的基础上，使用不同的智能调度算法求解调度问题，使得近似化算法求解最大程度上最优。将云计算技术应用到智能调度云服务体系，以适应智能调度逐渐向云制造转变。制造系统通常具有多条并行产线或多道工序，且每道工序有多台并行设备生产。由于并行产线或设备功能相同，但存在加工能力不同、生产时间不等、生产成本不一致的非等效特征，因而产生了非等效并行机调度问题；在日益完善的生产制造系统中，为了提高调度的柔性，每道工序可以有多条可行的加工工艺路线，零件能以不同的方式加工，从而产生了多工艺路线作业车间调度问题；由于同一种产品作为最小的调度单元，而实际生产中一种产品包含多个工件，对产品进行合理批次划分进而缩短设备负载周期，结合流水车间调度和并行机调度进而产生了混合流水车间调度问题；由于一些大型复杂产品装配涉及多副型架、多种零部件供应、多构型产品混流装配等多种因素，因而产生了混流装配线调度问题。由于不同产品的制造过程特征不同，产品的生产计划安排往往需要面向多制造过程进行，为保证产品总体进度最优，面向多车间、多制造过程的调度模型和算法，开发出智能调度算法库和插件平台，实现不同调度算法的集成。为了促进小微制造企业信息化完善，以灵活的方式根据自身需要选择合适的服务，本书中给出了制造系统智能调度的云服务平台原型系统设计实例与实现过程。车间制造系统智能调度问题研究的结构体系如图 4.4 所示。

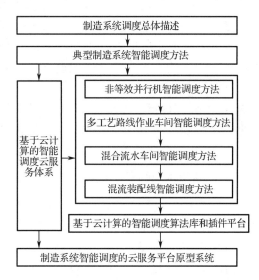

图 4.4　车间制造系统智能调度问题研究的结构体系

4.4.3　典型制造系统智能调度方法

制造系统的产能主要取决于瓶颈工序的生产能力，提高瓶颈工序的生产能力与调度水平能够优化生产资源配置，改善生产系统绩效。

1. 非等效并行机智能调度方法

非等效并行机调度问题，即在多台机器上加工多个工件的基础上，要求每个工件仅需在某台机器上加工一次,它在各台机器上的加工时间完全独立,使某个调度序列的目标函数最优,如最小化最长完工时间。针对带重入式特征的非等效并行机动态调度问题,滚动时间窗口的大小与窗口工件的数量可以依据生产中的实际情况加以确定。采用两段式编码策略,完成设备选择和确定加工顺序,解码后利用集成 PD-SRPT 规则的递阶混合帝国竞争算法,进行初始化、同化、交换地位、代价计算、竞争、革命和取优,对比不同驱动机制并综合,能够得到混合利用了 PD-SRPT 规则的递阶混合帝国竞争算法,对在线调度问题进行局部优化的同时,兼顾了全局调度性能,相较于一般的算法,加入基于混沌序列的局部搜索算法后,算法性能有了进一步提高。

2. 多工艺路线作业车间智能调度方法

多工艺路线作业车间智能调度方法主要分为单目标多工艺路线柔性作业车间调度问题(Flexible Jobshop Scheduling Problem with Process Plan Flexibility,FJSP-PPF)方法、多目标 FJSP-PPF 方法和批调度方法。单目标优化问题主要是以最小化最长完工时间为目标,研究问题的建模方法、调度模型和优化算法,目前的建模方法主要有基于染色体种群的建模方法、基于语法的建模方法和混合整数线性规划模型建模方法。在多目标优化问题中,最优解的定义相比单目标优化问题中的定义有较大变化,单一目标的解比较不适用,需要找到包含多个目标的妥协解,在不降低其他目标性能的情况下尽量提高一个目标的性能,使其成为一个有效解。常见的目标有最小化最长完工时间、平均流经时间、最大机器负载、机器总负载、拖期惩罚、设备空闲时间等。但是,早期大多数车间调度问题的研究没有考虑工件的批量,而在实际生产中工件往往是成批生产的,即构成批量生产调度问题。多工艺批量调度是柔性作业车间调度的扩展,工件不仅采用批量生产,而且每种工件具有多条加工路径。

当面向多目标优化的三阶段蚁群调度算法应用于多工艺路线作业车间调度问题时,采用三层嵌套结构:第一层为工艺路线选择层,蚂蚁根据一定的状态转移规则进行搜索,得到工艺路线选择方案;第二层为机器指派层,针对工艺路线选择蚂蚁搜索到的每种工艺路线序列,为各批次的每道工序指派机器;第三层为工序排序层,针对机器指派层搜索到的工艺路线序列的每种机器指派方案,对工艺路线约束下各机器的工序进行排列,并根据序列得到排产方案。相比其他调度方法,应用于 FJSP-PPF 的三阶段蚁群调度算法有明显的优越性。

3. 混合流水车间智能调度方法

混合流水车间调度问题(Hybridflow-Shop Scheduling Problem,HFSP)结合了流水车间调度问题和并行机调度问题,主要分为静态调度问题和动态调度问题。静态调度问题包含订单分批问题和多目标生产调度问题,由于智能化方法求解效率高、易融入问题知识和鲁棒性强,在求解大规模复杂的组合优化问题方面具有很好的优势,但基于其自身的不足和优势互补的思想,常考虑将智能化方法和启发式方法相结合。在静态调度问题中,一般设定一个调度周期的各项参数事先已知并且在该周期内不会改变。但在实际生产过程中,一些参数会随着生产活动的进行发生变化,按照确定环境中建立模型得到的调度方案在实际生产过程中执行时可能不再是最优的,通常将这些在实际生产过程中的不确定事件称为动态事件或扰动。针对动态事件影响下的调度问题通常采用的措施是重调度,而对重调度策略的研究主要有完全反应式和预测反应式两种。近年来,群智能方法由于具有较强的通用性和较低的经验依赖性等优点,在重调度中得到了重视。

4. 混流装配线智能调度方法

以飞机平尾翼装配为例的混流装配线调度问题具有复杂的动态生产环境，经常发生各种动态异常事件。由于装配过程中部分采用人力手工装配生产模式，在装配过程中经常发生装配工时偏差事件，也可能发生零部件装配报废现象，装配型架可能会临时被其他产品订单紧急占用，因此这类问题具有多道装配工序、每道工序具备多个装配站位多构型混流装配、装配周期长等特点。这类问题可分为正向调度问题和逆向调度问题，利用改进的两级遗传算法对正向调度问题进行求解，利用混合遗传算法对逆向调度问题进行求解。由自适应容忍度驱动机制的偏差容忍实验结果可知，基于该策略的智能调度算法在求解混流装配线调度问题上表现出优异的求解性能。

4.5　小结

本章结合世界制造业强国的先进制造战略，介绍了车间智能管控技术在现代工业生产中的重要性及具体应用。随着信息技术的发展，车间智能管控技术成为制造业向数字化、智能化、服务化方向发展的核心。通过引入智能管控技术，可以实现生产过程的自动化和智能化，提高生产效率、降低成本、优化资源利用，进而提升产品质量、增强市场竞争力。

车间智能管控的关键技术包括 RFID 技术、物流仿真技术和智能调度技术。RFID 技术作为物联网的关键支撑技术之一，可以实现对车间生产过程的智能感知、信息采集和自动控制；物流仿真技术可以帮助企业优化物流系统，实现生产过程的智能化管理；智能调度技术能够帮助企业实现生产资源的合理配置，改善生产系统的绩效，提高排产效果，从而满足用户多样化需求。随着技术的不断发展和应用，车间智能管控技术将在未来发挥更加重要的作用，推动制造业向数字化转型，实现可持续发展。

第 5 章　智能运维技术

5.1　概述

　　智能运维包括"运行"和"维修"两个层面的含义，它是制造企业或用户对其设备进行运行监测和维修优化的总称。智能运维涉及的内容很广泛，主要包括设备状态数据感知、状态数据预处理、状态特征提取、状态评价与预测、故障诊断与预测、运行维修决策等方面。

　　状态数据是设备智能运维的基础，也是各类数据驱动方法的信息源头。状态数据感知就是利用各类传感器获取设备的状态数据。状态数据预处理是指对原始测试数据进行降噪和清洗，去除原始测试数据中的噪声，填补测试数据中的空白，保持原始测试数据的完整性（主要特征），以提高测试数据的质量及后续数据分析和建模的准确性。状态特征提取是指利用现代信号处理理论与技术，识别并提取状态数据中的有用特征信息，便于建立设备故障与故障征兆之间的关系，具体包括特征表达、特征选择与提取、模式识别与分类等。状态评价与预测就是指评价设备的健康状态，确定重点监控的设备对象清单，并根据设备状态数据的变化规律预测设备状态的变化趋势，据此计算设备的剩余使用寿命，为预测性维修时机的确定提供支持。故障诊断与预测就是指在状态监测和状态特征提取的基础上，对设备的运行状态和异常情况做出判断，查找设备或系统的故障。当设备发生故障时，对故障类型、故障部位及故障原因进行诊断和定位。运行维修决策就是根据设备的实际健康状态及其变化趋势，确定设备什么时候维修及维修什么，同时对设备维修需要的资源和成本做出规划。"确定设备什么时候维修"是指根据设备的运行状态及其变化趋势确定设备的维修时机，"确定设备维修什么"是指根据设备的当前状态及维修目标确定设备的维修工作范围和所需的维修资源等。当设备确定要进入维修车间维修时，还需要对车间维修工作进行规划。

　　智能运维是在对设备状态信息的辨识、感知、处理和融合的基础上，监测设备的健康状态，预测设备的性能变化趋势、部件故障发生时机及剩余使用寿命，并采取必要的措施延缓设备的性能衰退进程、排除设备故障的决策和执行过程。可见，智能运维的实施需要满足一定的技术条件，或者说需要突破相关关键技术。智能运维主要有以下 4 大关键技术。

　　（1）设备状态数据处理技术；

　　（2）设备状态特征提取技术；

　　（3）设备状态异常检测技术；

　　（4）设备状态故障诊断技术。

5.2　设备状态数据处理技术

5.2.1　设备状态数据处理概述

　　状态数据能够表征设备的实际运行情况，是对设备健康状态进行评价、预测及对维护维修活动进行决策的数据基础。在状态数据的获取、传输和存储过程中常常会受到各种噪声的干扰和影响而使数据质量下降，数据质量的好坏直接关系到后续数据分析和建模的效果。为提高后续分析与建模的质量，必须对数据进行预处理，在尽可能保持原始数据完整性（主要特征）的同时，去除数据中无用信息，重构反映设备原始数据本来面目的状态信息。

粗大误差的存在会严重干扰状态监测分析的结果，必须将其从原始数据中剔除，以恢复状态数据的本来面目。在实际应用中可以根据状态监测数据的特点进行选择。除粗大误差外，状态数据不正常的大波动也会影响设备状态趋势的分析结果，为了提高状态参数变化趋势分析的准确性，常常需要对剔除粗大误差后的状态数据进行平滑处理。

5.2.2　状态数据的粗大误差去除

粗大误差是指明显超出规定条件预期的误差，简称"粗差"。判别粗大误差的数学方法有很多，有基于统计的方法、基于距离的方法、基于密度的方法和基于聚类的方法等。基于统计的异常值检测将不属于假定分布的数据看作异常值，这种方法虽然在数据充分时很有效，但在实际中，数据的分布一般是未知的。基于距离的异常值检测的基本思想是将远离大部分其他数据的对象看作异常值，此方法原理虽然简单，但不能处理具有多个密度区域的数据集。基于密度的异常值检测根据样本点邻域内的密度状况来判断是否属于异常点，邻域大小的选择对结果影响很大。基于聚类的异常值检测则将不属于任何簇的数据看作异常值，然而属于或不属于的界限对结果的影响很大。

常用的粗大误差判别方法，如拉依达准则、格拉布斯准则、罗曼诺夫斯基准则、狄克松准则、肖维勒准则等，都要求状态数据是独立同分布的。设备的状态数据大多为时间序列数据，其参数值会随着时间、外界环境及工况的转变而变化，一般不满足独立同分布条件。对时序数据粗大误差的判别，目前主要有两类方法：基于历史采样点的判别和基于过程模型的判别，但都比较复杂。通过对航空发动机等设备状态数据的观察，可发现短期内监控数据云有一定波动且没有明显变化。因此可以将状态数据按照采样顺序进行分组，每组包含相同数目的采样点，这样每组数据就可以近似看成独立同分布，最后再采用常用的粗大误差处理方法对数据进行处理。常用的粗大误差判别方法测量次数范围如表 5.1 所示。

表 5.1　常用的粗大误差判别方法测量次数范围

测量次数范围	建议使用的准则
$3 \leqslant n \leqslant 25$	狄克松准则、格拉布斯准则（$\alpha = 0.01$）
$25 < n \leqslant 185$	格拉布斯准则（$\alpha = 0.05$）、肖维勒准则
$n > 185$	拉依达准则

5.2.3　状态数据的平滑处理

去除粗大误差后的状态数据仍然不可避免地有较大波动，为了便于分析设备状态参数的变化趋势，有必要对剔除粗大误差后的状态参数进行平滑处理。在工程实际中，应用较为广泛的平滑方法有移动平均平滑法和指数平滑法。从加权的角度看，移动平均平滑法对移动窗口内的各期数据赋予相同的权值，而指数平滑法对所有各期数据赋予逐渐收敛为 0 的权值。

（1）移动平均平滑法是根据时间序列逐项推移，依次计算包含一定项数的序列平均数，以此进行平滑的方法。移动平均平滑法包括一次移动平均平滑法、加权移动平均平滑法和二次移动平滑平均法。当时间序列的数值受周期变动和随机波动的影响、起伏较大、不易显示事件的发展趋势时,使用移动平均平滑法可以消除这些因素的影响,显示事件的发展趋势(趋势线),然后依据趋势线分析预测序列的长期变化。

(2)指数平滑法是生产预测中常用的一种方法,经常用于中短期经济发展趋势的预测。指数平滑法最初由布朗提出,布朗认为时间序列的态势具有稳定性或规则性,所以时间序列可被合理地顺势推延。他认为最近的过去态势在某种程度上会持续到最近的未来,所以给予最近的数据较大的权重。指数平滑法是在移动平均平滑法基础上发展起来的一种时间序列分析预测法,其原理是任一期的指数平滑值都是本期实际观测值与前一期指数平滑值的加权平均。

5.2.4 基于连续小波变换模极大曲线的信号突变识别与重构

小波变换非常适合处理非平稳信号,是一种多尺度时-频分析工具,在小尺度时可以有效地表征数据点的特征,随着尺度的增大,小波变换可对数据趋势特征有较好的呈现。可见,小波变换对数据突变和数据趋势突变等局部特征都能很好地描述,十分适合如发动机气路参数样本等设备状态参数的异常数据识别。应用二进小波变换模极大理论对信号小波变换模极大曲线进行搜索和处理,可以在识别信号突变的同时抑制随机噪声,进而有效地重构原信号。基于信号二进小波变换模极大曲线的搜索方法难以保证小波变换模极大曲线的搜索精度及信号的重构精度,而基于连续小波变换模极大曲线搜索的信号突变识别与重构方法,则利用傅里叶变换实现信号的小波变换与反演的快速算法,能够解决连续小波变换带来的运算速度问题,从而提高小波变换模极大曲线搜索及信号重构的准确性。

5.2.5 基于趋势项提取的状态数据处理办法

设备状态信号实际上是由趋势项和噪声叠加而成的。奇异值分解(SVD)方法是一种具有良好效果的非线性降噪方法,其降噪后的信号具有较小的相移,不存在时间延迟,因此被广泛应用于振动、电磁等信号的降噪中。SVD降噪的关键在于如何通过对信号噪声的先验估计来选择恰当的奇异值个数进行信号的重构,但在实际中往往难以对含噪声信号的信噪比进行估计。为了在识别原始信号突变的同时有效抑制随机噪声,进而有效重构原始信号,可以将经验模态分解(EMD)方法和SVD方法相结合,首先对状态信号进行EMD并选择合适的时间尺度提取出信号的趋势分量,其次对原始信号剩余部分采用SVD方法降噪,并利用奇异值差分谱方法自适应选择奇异值用于信号重构,最后将降噪后的信号和趋势分量进行叠加得到最终的降噪信号。

5.3 设备状态特征提取技术

5.3.1 设备状态特征提取概述

在装备故障诊断中,故障与征兆之间往往并不是简单的一一对应关系,当进行诸如异常检测、故障诊断等运维服务时,直接采用原始状态参数往往很难取得良好的效果。利用现代信号处理理论、方法和技术手段,对原始监测数据信号进行信号分离、特征提取、模式分类是装备故障诊断的前提。特征提取前首先需要进行特征选择。特征选择是指在原始数据空间中选择一些重要的特征,如振动信号的振幅、相位等,这些特征能反映装备运行过程中的某些状态,基于这些特征可以实现装备的状态评价和故障诊断。状态特征提取方法可分为线性特征提取方法与非线性特征提取方法两大类。考虑到线性特征提取方法在处理复杂的非线性问题时往往不能取得理想的效果，本节主要介绍几种常用的非线性特征提取方法，包括基于核函数的主元分析、自动编码器、深度学习的状态特征提取方法等。

5.3.2　基于核函数的主元分析的状态特征提取

常用的主元分析（Principal Component Analysis，PCA）通过线性变换输入变量的方法达到降维的目的。一些学者提出用线性逼近非线性的方法对 PCA 方法进行改进，如广义 PCA 方法、主曲线方法、神经网络 PCA 方法等，但这些方法对非线性问题的解决并不准确，且涉及复杂的算法变换问题。

在工程实际中，特征参数的变化往往呈现非线性特征，所以有必要采取非线性多元统计分析方法进行特征提取和分析。

基于核函数的主元分析方法（Kernel PCA，KPCA）将输入数据映射到一个新的空间，这个过程是通过选定一个非线性函数实现的，然后在新空间中进行线性分析。该方法对非线性数据特别有效，能提供更多的特征信息，并且提取的特征的识别效果更优。基于核函数的主元分析在机械设备状态和故障诊断应用中处于起步阶段。

5.3.3　基于自动编码器的状态特征提取

自动编码器（Autoencoder）是一种神经网络，属于无监督学习模型，能够对高维数据进行有效的特征提取和特征表示。自 1988 年自动编码器概念提出以来，在基础形式的基础上，还出现了一些变种，如去噪自动编码器、稀疏自动编码器、收缩自动编码器等。

自动编码器包含编码器和解码器两部分。编码器将输入样本 x 从原始特征空间映射到抽象特征空间中的样本 y，而解码器将样本 y 从抽象特征空间映射回原始特征空间得到重构样本 $\hat{x}$。模型的学习过程为通过最小化一个损失函数 J_{AE} 来同时优化编码器和解码器，从而学习得到针对输入样本 x 的抽象特征表示 y，其中，J_{AE} 为 $\hat{x}$ 和 x 的重构误差。

可以发现，自动编码器在训练过程中无须使用样本标签，这种无监督的学习方式大大提升了模型的通用性。但如果自动编码器只是简单地将输入样本 x 复制到 y，那么自动编码器将没有什么用处。为了能够从自动编码器中获得有用的特征，可以限制 y 的维度低于 x 的维度，这样将强制自动编码器提取样本中最显著的特征。此时，当解码器是线性的且重构误差取均方误差时，自动编码器会识别出与主成分分析相同的生成子空间。因此，拥有非线性编码器函数 f 和非线性解码函数 g 的自动编码器可以看成主成分分析的线性推广。存在的问题是如果编码器和解码器被赋予过大的容量，自动编码器会执行复制任务而难以提取到有效的抽象特征。

5.3.4　基于深度学习的状态特征提取

深度学习是一种深度神经网络，能够从原始数据中提取高层次、抽象的特征，适用于无监督学习、有监督学习、半监督学习等场景。在无监督学习方面，最典型的深度学习模型是将自动编码器及其变种堆叠起来构成的各种堆叠自动编码器。这些堆叠自动编码器最后一层编码器的输出为最终提取的特征。在有监督学习方面，典型的深度学习模型有深度置信网络、卷积神经网络。对于分类问题，这些网络的最后一层为分类器，如采用 Softmax 激活函数实现激活，最后一层的输入为最终提取的特征。

5.4 设备状态异常检测技术

5.4.1 设备状态异常检测概述

异常检测是基于预测运行的重要内容，是保证设备安全运行的关键技术，也是进行基于状态的维修决策和精准服务的重要依据。及时、准确地进行异常检测可使企业科学分配额外的监控资源，提前制定预防性维修措施，减少非计划维修事故的发生，从而降低维修成本，提高设备运行的安全性。状态数据是数据驱动的异常检测的基础。当设备出现状态异常和数据存在粗大误差时，其状态数据都会发生突变。所以，异常检测的任务是判断状态数据是否发生突变及分析发生突变的具体原因，为设备的状态监测、故障诊断和维修决策提供支持。设备的异常一般表现为点形式异常、上下文异常和聚合异常，不同的异常形式需要采用不同的方法来识别。此外，是否拥有足够的历史异常样本数据对设备异常原因分析也会产生重要影响。

5.4.2 异常的定义与分类

目前，公认的异常定义由 Hawkins 提出：异常是远离其他数据而疑为不同机制产生的数据。根据异常的定义，异常一般分为以下三种类型。

（1）点形式异常：如果数据集中的一个数据点有别于其他数据点，那么这个数据点称为点形式异常，这是最常见的异常情况。

（2）上下文异常：如果数据点在特定上下文中是异常的，那么该数据点称为上下文异常。

（3）聚合异常：如果相邻的一段数据点有别于整体数据，那么这段数据点称为聚合异常。

5.4.3 典型的异常检测方法

1. 基于复制神经网络的异常检测

基于复制神经网络的异常检测针对的是单类异常检测问题。单类异常检测是指所有的训练样本只有一种类别标签的异常检测问题，该类标签一般是正常的。复制神经网络最早是由 Hawkins、Williams 等提出的。复制神经网络的基本思想是构造一个输入节点数量、输出节点数量均与输入维度相等的多层前馈神经网络，隐藏层的节点数量一般少于输入维度，损失函数为训练样本的重构误差最小，训练完成后，将测试样本输入复制神经网络，并计算各个测试样本的重构误差，该重构误差称为异常分，通过比较异常分的高低判断各个测试样本是否异常。可以发现，复制神经网络的结构类似于自动编码器。

2. 基于孤立森林的异常检测

基于孤立森林的异常检测方法是一种无监督型异常检测方法。孤立森林的设计利用了异常样本的两个特点：①异常样本在孤立森林中被定义为"容易被孤立的离群点"；②异常样本少，异常样本特征和正常样本特征差别较大。在孤立森林中，数据集被递归地随机分割，直到孤立树（iTree）将每个样本点都和其他样本点分离出来。异常点更接近孤立树的根节点，而正常样本点离孤立树的根节点较远，这样用少量特征就可以检测出异常。

3．基于最近邻的异常检测

基于最近邻的异常检测方法是一种无监督型异常检测方法。它基于以下假设：正常样本附近的样本多，而异常样本一般远离其最近样本。基于最近邻的异常检测一般需要对两个样本之间的距离或相似性进行量度，如采用欧氏距离。常见的两种基于最近邻的异常检测方法如下。

方法一：将样本与其第 k 个最近邻的距离作为该样本的异常分，根据该异常分判断该样本是否异常。异常分越大，该样本为异常的可能性越大。

方法二：将样本的相对密度作为该样本的异常分，根据该异常分判断该样本是否异常。例如，可将样本与第 k 个最近邻的距离的倒数作为相对密度。异常分越小，该样本为异常的可能性越大。

当问题不满足基于最近邻的异常检测的假设，或者样本数量太少时，基于最近邻的异常检测就不适用了。

4．基于聚类的异常检测

基于聚类的异常检测方法也是一种无监督异常检测方法。常见的三种基于聚类的异常检测方法如下。

方法一：假设正常样本属于某一类，而异常样本不属于任何类。适用于这个假设的聚类算法有 DBSCAN（基于密度的聚类）算法、ROCK 算法及 SNN（脉冲神经网络）算法等。

方法二：假设正常样本与其最近的类中心的距离很近，而异常样本与其最近的类中心的距离很远。适用于这个假设的聚类算法有 SOM（自组织映射）算法、K 均值聚类算法等。

方法三：假设正常样本属于大或密的类，而异常样本属于小或疏的类。适用于这个假设的聚类算法有 SOM 算法、K 均值聚类算法等。

5．基于统计的异常检测

基于统计的异常检测也是一种无监督型异常检测方法。它基于以下假设：正常样本位于某一随机模型的高概率区域，而异常样本处于该随机模型的低概率区域。基于统计的异常检测的一般步骤为：首先采用训练样本估计样本的概率密度函数，然后根据样本的概率密度高低判断其是否异常。概率密度函数的估计方法包括参数估计方法和非参数估计方法。参数估计方法主要有最大似然估计法和贝叶斯估计法。非参数估计方法主要有直方图法、K 近邻算法、Parzen 窗法等。

5.5 设备状态故障诊断技术

5.5.1 设备状态故障诊断概述

故障诊断是一种了解和掌握机器在运行过程中的状态，确定其整体或局部正常或异常，早期发现故障及其原因，并能预报故障发展趋势的技术，油液监测、振动监测、噪声监测、性能趋势分析和无损探伤等为其主要的诊断技术方式。系统故障诊断是指对系统运行状态和异常情况做出判断，为系统故障恢复提供依据。要对系统进行故障诊断，首先必须对其进行检测，在系统发生故障时，对故障类型、故障部位及原因进行诊断，最终给出解决方案，解除故障。

5.5.2 故障诊断的性能指标

评价故障诊断系统性能的指标大体上包含以下三个方面。

1．检测性能指标

（1）早期检测的灵敏度。它是指一个故障检测系统对"小"故障信号的检测能力。检测系统早期检测的灵敏度越高，表明它能检测到的最小故障信号越小。

（2）故障检测的及时性。它是指当诊断对象发生故障后，检测系统在尽可能短的时间内检测到故障发生的能力。故障检测的及时性越好，说明从故障发生到被正确检测出来之间的时间间隔越短。

（3）故障的误报率和漏报率。故障的误报率是指系统没有发生故障却被错误地判定出现了故障；故障的漏报则是指系统中出现了故障却没有被检测出来的情形。一个可靠的故障检测系统应当保持尽可能低的误报率和漏报率。

2．诊断性能指标

（1）故障分离能力。它是指诊断系统对不同故障的区分能力。这种能力的强弱取决于对象的物理特性、故障大小、噪声、干扰、建模误差及所设计的诊断算法。分离能力越强，表明诊断系统对不同故障的区分能力越强，那么对故障的定位也就越准确。

（2）故障辨识的准确性。它是指诊断系统对故障的大小及其时变特性估计的准确程度。故障辨识的准确性越高，表明诊断系统对故障的估计越准确，也就越有利于故障的评价与决策。

3．综合性能指标

（1）鲁棒性。它是指故障诊断系统在存在噪声、干扰、建模误差的情况下正确完成故障诊断任务，同时保持满意的误报率和漏报率的能力。一个故障诊断系统的鲁棒性越强，表明它受噪声、干扰、建模误差的影响越小，其可靠性也就越高。

（2）自适应能力。它是指故障诊断系统对于变化的被诊断对象具有自适应能力，并且能够充分利用由变化产生的新信息来改善自身。引起这些变化的原因可能是被诊断对象的外部输入的变化、结构的变化或由诸如生产数量、原材料质量等问题引起的工作条件的变化等。

5.5.3 故障诊断的方法

1．基于专家系统

基于专家系统的故障诊断方法是故障诊断领域中最引人注目的发展方向之一，也是研究最多、应用最广的一类智能型诊断技术。它大致经历了两个发展阶段：基于浅知识的故障诊断系统、基于深知识的故障诊断系统。

1）基于浅知识的智能型专家诊断方法

浅知识是指领域专家的经验知识。基于浅知识的故障诊断系统通过演绎推理或产生式推理来获取诊断结果，其目的是寻找一个故障集合使之能对一个给定的征兆（包括存在的和缺席的）集合产生的原因做出最佳解释。基于浅知识的智能型专家诊断方法具有知识直接表达、形式统一、高模组性、推理速度快等优点；但也有缺点，如知识集不完备，对没有考虑到的问题系统容易陷入困境，对诊断结果的解释能力弱等。

2）基于深知识的智能型专家诊断方法

深知识是指有关诊断对象的结构、性能和功能的知识。基于深知识的故障诊断系统，要求诊断对象的每个环境具有明显的输入、输出表达关系，诊断时首先通过诊断对象实际输出与期望输出之间的不一致，生成引起这种不一致的原因集合，然后根据诊断对象领域中的第一定律知识及其具有明确科学依据的约束联系，采用一定的算法，找出可能的故障源。基于深知识的智能型专家诊断方法具有知识获取方便、维护简单、完备性强等优点，但缺点是搜索空间大、推理速度慢。

3）基于浅知识和深知识的智能型专家混合诊断方法

对于复杂设备系统而言，单独使用浅知识或深知识，都难以妥善地完成诊断任务，只有将两者结合起来，才能使诊断系统的性能得到优化。因此，为了使智能型故障诊断系统具备与人类专家能力相近的知识，研发者在建造智能型故障诊断系统时，越来越强调不仅要重视领域专家的经验知识，更要注重诊断对象的结构、功能、原理等知识，研究的重点是浅知识与深知识的整合表示方法和使用方法。事实上，一个高水平的领域专家在进行诊断问题求解时，总是将具有的深知识和浅知识结合起来，完成诊断任务。一般优先使用浅知识，找到诊断问题的解或者近似解，必要时用深知识获得诊断问题的精确解。

2．基于神经网络

在知识获取方面，神经网络的知识不需要知识工程师进行整理、总结及消化领域专家的知识，只需要用领域专家解决问题的实例或范例来训练神经网络；在知识表示方面，神经网络采取隐式表示方法，并将某一问题的若干知识表示在同一网络中，通用性高、便于实现知识的自动获取和并行联想推理；在知识推理方面，神经网络通过神经元之间的相互作用来实现推理。

当前，基于神经网络的专家诊断方法已在许多领域的故障诊断系统中得到应用，如在化工设备、核反应器、汽轮机、旋转机械和电动机等领域都取得较好的效果。由于神经网络从故障事例中学到的知识只是一些分布权重，而不是类似领域专家逻辑思维的产生式规则，因此诊断推理过程不能够解释，缺乏透明度。

3．基于模糊数学

许多诊断对象的故障状态是模糊的，诊断这类故障的一种有效的方法是应用模糊数学的理论。基于模糊数学的诊断方法，不需要建立精确的数学模型，适当地运用局部函数和模糊规则，进行模糊推理就可以实现模糊诊断的智能化。

4．基于故障树

基于故障树的诊断方法是指由计算机依据故障与原因的先验知识和故障率知识自动辅助生成故障树，并自动生成故障树的搜索过程。诊断过程从系统的某一故障"为什么出现这种显现"开始，沿着故障树不断提问而逐级构成一个阶梯故障树，通过对该故障树的启发式搜索，最终查出发生故障的根本原因。在提问过程中，有效合理使用系统的及时动态数据，将有助于诊断过程的进行。基于故障树的诊断方法类似于人类的思维方式，易于理解，在实际情况中应用较多，但大多与其他方法结合使用。

5.6　小结

对于智能运维的工作内容，本章从状态数据处理、状态特征提取、状态异常检测和状态故障诊断 4 个层面进行组织，以期形成智能运维较为完整的理论技术体系，并给出智能运维的系统平台架构。

第6章 智能制造系统使能技术

6.1 概述

6.1.1 智能制造发展趋势

近年来，随着世界经济形势的变化，实体经济在国民经济中的重要性日益凸显，制造业作为实体经济的重要支柱之一，其发展得到了世界各国的重视，美国、德国、中国等世界主要经济体都相继提出了自己的智能制造发展战略，在世界范围内掀起了一股制造业转型升级的新热潮。

1. 制造业发展历程

纵观世界历史，制造业的发展经历过三次大的变革。如图 6.1 所示，18 世纪 60 年代，以蒸汽机为代表的第一次工业革命开创了机器代替手工劳动的时代，这是制造业的第一次深刻变革，这次变革也改变了世界的面貌。19 世纪 70 年代，电气化制造的引入标志着制造业迈入"电气时代"，社会生产力也随之得到极大发展。20 世纪 70 年代，计算机技术的迅猛发展，为制造业带来了第三次变革，整个行业开始大力发展制造自动化，自动化技术允许机器设备、系统按照人的要求进行生产制造，极大地提高了行业的生产效率。

从时间线上看，制造业每次新变革所需要的周期都在不断缩短，那么在 21 世纪，制造行业是否又面临着一场新的工业革命？从制造业的发展趋势来看，答案是肯定的，我们称之为工业 4.0，而这次革命的主力就是智能制造。

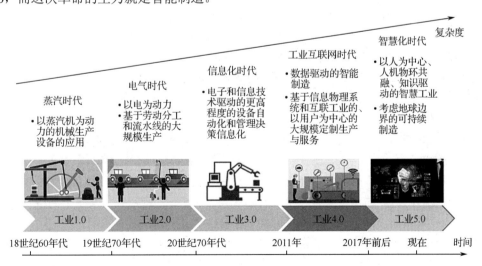

图 6.1 制造业发展历程

智能制造并不是一个新的概念，它于 20 世纪 80 年代提出，是一种由智能机器和人类专家共同组成的人机一体化智能系统,它能在制造过程中进行智能活动,如分析、推理、判断、构思和决策等。通过人与智能机器的合作共事,扩大、延伸和部分地取代人类专家在制造过程中的脑力劳动。它把制造自动化的概念更新,扩展到柔性化、智能化和高度集成化。近年来,随着数字化、信息化、网络化、自动化和人工智能技术等的发展,特别是美国先进制造伙伴计划、德国工业 4.0、中国"十四五"智能制造发展规划的推出,智能制造获得快速发展的新契机,已成为现代先进制造业新的发展方向。

2. 国外智能制造发展战略

当前,世界主要经济体的制造竞争力各不相同,大体上可以分为要素驱动、效率驱动和创新驱动三种模式。印度、越南等国家采取的要素驱动模式是指利用基础设施建设、人口红利、劳动力、原材料和基本教育等要素的优势,降低产品生产制造的成本,提升制造行业竞争力的驱动模式。日本受限于自身的地理位置,本土资源匮乏,国内制造业需要从外国进口廉价原材料,经本土加工后再出口,其发展属于典型的效率驱动模式,即通过提升制造业的能源效率、管理效率等,提升制造竞争力。美国、德国等老牌制造业强国,其制造竞争力主要是创新驱动模式,创新驱动是新的技术和新的商业模式创造,其目的是展开全新的领域、把握全新的机会,这也是制造竞争力保持领先的核心模式。面对新一轮工业革命这一战略性的发展机遇,发达国家为了在新一轮制造业竞争中重塑并保持新优势,纷纷实施"再工业化"战略;一些发展中国家在保持自身劳动力密集等优势的同时,积极拓展国际市场、承接资本转移、加快技术革新,力图参与全球产业再分工,世界各国根据自身的制造业基础相继提出了各自的智能制造发展战略。其中,三个国家层面的战略计划具有广泛的国际影响力:日本提出的"社会 5.0"战略;德国提出的"工业 4.0"战略;美国提出的"先进制造伙伴"计划与"工业互联网"战略。

美国率先提出"先进制造伙伴"计划与"工业互联网"战略,旨在通过对传统工业进行物联网式的互联互通,以及对大数据的智能分析和智能管理,实现占据新工业世界翘楚地位的目标。

先进制造伙伴计划依靠三大战略支柱。第一个支柱是加快创新,美国认为,未来制造业将迎来智能化、网络化、互联化,技术创新是实现未来制造的助推器,自己要保持制造业领导者地位,必须依赖创新才可以实现。第二个支柱是确保人才输送,人才历来是保障国家具有创新能力的关键要素,而美国的国情存在优秀人才不愿意进入制造业的弊端,因此确保人才输送是实现工业创新的关键。第三个支柱是改善商业环境,美国市场是一个充满竞争的管理资本主义市场,美国一直为本国的市场化商业环境而感到骄傲,为保证未来的美国制造,自然会格外重视商业环境的改善。

为构建三大战略支柱,美国提出了 16 项措施。通过制定国家先进制造业战略、增加优先的跨领域技术的研发投资、建立国家制造创新研究院网络、促进产业和大学之间的合作研究、促进先进制造技术商业化的环境、建立国家先进制造业门户 6 项措施,达到加快创新的目的。通过改变公众对制造业的错误观念、利用退伍军人人才库、投资社区大学水平的教育、发展伙伴关系提供技术认证、加强先进制造业的大学项目、推出关键制造业奖学金和实习计划,确保人才输送。美国还计划通过颁布税收改革政策、合理化监管政策、完善贸易政策、更新能源政策等措施,改善国内商业环境。美国的先进制造战略集中于三大技术领域,具体如下。

(1)制造业中的先进传感技术、先进控制技术和平台系统(Advanced Sensors, Control Technology and Plat Form System,ASCPM)。美国建立了制造技术测试床来测试新技术的商业案例应用，针对高耗能和数字信息制造，建立聚焦于 ASCPM 能源优化利用的研究所，制定新的产业标准，包括关键系统和供应商所供货之间的数据交叉标准。

（2）虚拟化、信息化和数字制造技术。美国建立制造卓越能力中心（Manufacturing Excellence Center，MEC），聚焦于前沿技术开发层面的基础研究及数字设计和能效数字制造工具等方面的数字化，聚焦于制造过程中的安全分析和决策中涉及的量大、综合的数据集，在现有数字化制造和设计创新研究所之外，又建立了一个大数据制造创新研究所。美国还制定部署了"网络物理"系统的安全和数据交换的制造政策标准，激励创造和推行系统提供商、服务机构或系统集成商的辅助制造商业化。

（3）先进材料制造技术。美国推广材料制造卓越能力中心以支持制造创新研究所的研发活动，以及支持国家战略中的其他制造技术领域，利用供应链管理国防资产，促进创新和研发中的关键材料再利用。为表征材料设计数字标准和快速利用新材料和制造方法，美国为生物医疗制造等先进制造材料领域的博士生设立制造业创新奖学金。

2014 年 4 月，美国工业互联网联盟（Industrial Internet Consortium，IIC）正式成立，该联盟为一个产业推广组织，由 GE、IBM、Intel、AT&T、思科 5 家行业顶尖公司发起，由对象管理组织（Object Management Group，OMG）进行管理。IIC 的主要工作范畴包括工业物联网（Industrial Internet of Things，IIoT）应用案例分析、参考架构和关键技术方向总体设计、提炼标准需求、推动安全框架设计、搭建测试床、提供系统解决展示平台和设计支撑、加速全球产业发展等。

截至 2017 年，美国工业互联网联盟已经发布了包括工业互联网术语、工业互联网参考架构、工业互联网网络连接参考架构技术、商业战略白皮书等 8 项成果，通过的应用案例达 22 个，验证通过了 20 个制造技术测试床，待验证测试床有 4 个，值得注意的是，其中两个为中国牵头的测试床，分别为城市智慧供水测试床和生产质量管理测试床。

继美国之后，德国也在 2013 年 4 月的汉诺威工业博览会上正式推出"工业 4.0"战略。作为老牌制造业强国，德国拥有强大的设备和车间制造工业，在信息技术领域处于较高水平，且在机械设备制造及嵌入式控制系统制造方面处于世界领先地位。德国计划通过实施"工业 4.0"战略，使德国成为新一代工业生产技术的供应国和主导市场，在继续保持国内制造业发展的前提下，再次提升全球竞争力，达到重新引领全球制造业潮流的目的。

面对亚洲和美国对德国工业构成的竞争威胁，德国提出了包含"1"个网络、"4"大主题、"3"项集成、"8"项计划的战略框架（"1438 模型"）。

"1"个网络，即信息物理系统（Cyber-Physical System，CPS）网络，该网络将信息物理系统技术一体化应用于制造业和物流行业，以及在工业生产过程中使用物联网和服务技术，实现虚拟网络世界与实体物理系统的融合，完成制造业在数据分析基础上的转型。信息物理系统具有 6C 特征：连接（Connection）、云储存（Cloud）、虚拟网络（Cyber）、内容（Content）、社群（Community）、定制化（Customization），它将资源、信息、物体及人员紧密联系在一起，从而创造物联网及相关服务，并将生产工厂转变为智能环境。

"4"大主题，即智能工厂、智能生产、智能物流和智能服务。智能工厂通过分散的、智能化生产设备间的数据交互，形成高度智能化的有机体，实现网络化、分布式生产。智能生产则是将人机互动、智能物流管理、3D 打印与增材制造等先进技术应用于整个工业生产过程。在智能工厂和智能生产过程中，人、机器和资源如同在一个社交网络里自然地相互沟通协作，智能产品也能理解它们被制造的细节以及将被如何使用，从而协助生产过程。智能工厂与智能

55

移动、智能物流和智能系统网络对接，构成了工业 4.0 中未来智能基础设施中的一个关键组成部分。

"3"项集成，即横向集成、端到端集成和纵向集成。通过价值网络实现横向集成，将各种使用不同制造阶段和商业计划的信息技术（Information Technology，IT）系统集成在一起，既包括一个公司内部的材料、能源和信息，也包括不同公司间的配置。贯穿整个价值链的端到端工程数字化集成，针对覆盖产品及其相联系的制造系统完整价值链，实现数字化端到端工程，并在所有终端实现数字化的前提下，实现基于价值链与不同公司的整合，最大限度地实现个性化定制。纵向集成是指垂直集成网络化制造系统，它将集成处于不同层级（如执行器和传感器、控制、生产管理、制造和企业规划执行等）的 IT 系统，即在企业内部开发、实施和纵向集成灵活且可重构的制造系统。

"8"项计划，即优先执行的 8 个重点关键领域，分别是建立标准化和参考架构、管理复杂系统、为工业提供全面带宽的基础设施、建立安全和保障措施、实现数字化工业时代工作的组织和设计、实现培训和再教育、建立监督框架、提高资源利用效率。

3．国内智能制造发展战略

为贯彻落实《中华人民共和国国民经济和社会发展第十四个五年规划和 2035 年远景目标纲要》，加快推动智能制造发展，2021 年 12 月 28 日，工业和信息化部等 8 部门联合印发了《"十四五"智能制造发展规划》。

《"十四五"智能制造发展规划》以新一代信息技术与先进制造技术深度融合为主线，深入实施智能制造工程，着力提升创新能力、供给能力、支撑能力和应用水平，加快构建智能制造发展生态，持续推进制造业数字化转型、网络化协同、智能化变革，为促进制造业高质量发展、加快制造强国建设、发展数字经济、构筑国际竞争新优势提供有力支撑。

"十四五"及未来相当长一段时期，推进智能制造，要立足制造本质，紧扣智能特征，以工艺、装备为核心，以数据为基础，依托制造单元、车间、工厂、供应链等载体，构建虚实融合、知识驱动、动态优化、安全高效、绿色低碳的智能制造系统，推动制造业实现数字化转型、网络化协同、智能化变革。预计到 2025 年，规模以上制造业企业大部分实现数字化网络化，重点行业骨干企业初步应用智能化；预计到 2035 年，规模以上制造业企业全面普及数字化网络化，重点行业骨干企业基本实现智能化。

中国制造业的基础与其他国家不同，具有"工业 2.0/2.5/3.0"多种基础。工业 2.0 的产品研发通常以仿制为主，采用二维为主、三维为辅的设计模式，其设计仿真验证通常是单学科且非规范的，只使用有限加工仿真和部分装配过程仿真，工厂的生产依靠数控机床和部分自动化设备；工业 3.0 指的是基于模型的数字化企业（Model-Based Enterprise，MBE），其产品研制基于系统工程与流程驱动，采用多学科联合设计仿真，使用全三维工艺和装配全过程仿真，其生产依赖机加工柔性产线或单元；工业 4.0 则涉及智能产品、智能设计、智能工艺、智能工件、智能物流、智能产线等多个方面，包含自组织工厂、自主移动式模块化生产单元、信息物理融合等概念，工业 4.0 要建立涵盖整个生产工艺和生产设备的数字化模型，模型要能根据临时要求，自行配置安全解决方案，工业 4.0 还要通过动态网络实现过程优化，本地控制动态网络，扩展复杂的通信系统。

《"十四五"智能制造发展规划》紧扣智能制造发展生态的 4 个体系，提出"十四五"期间要落实创新、应用、供给和支撑 4 项重点任务。具体包括加快系统创新，增强融合发展新动能；深化推广应用，开拓转型升级新路径；加强自主供给，壮大产业体系新优势；夯实基础支撑，构筑智能制造新保障。围绕创新、应用、供给和支撑 4 个方面，部署了智能制造技术攻关行动、智能制造示范工厂建设行动、行业智能化改造升级行动、智能制造装备创新发展行动、工业软件突破提升行动、智能制造标准领航行动 6 个专项行动。

4．智能制造战略分析

分析中国、美国、德国的智能制造发展战略，可以发现这些发展战略具有许多相同点。各国的目标及方向都很相似，都瞄准了未来的制造业强国地位，通过抢占智能制造前沿技术的制高点，实现国家制造业发展的重大战略意图；各国采用的技术相近，均涉及人工智能、图像识别、语音识别、先进传感器、机器人、信息物理系统（CPS）、大数据、"互联网+"等技术领域。

但是，各国的智能制造发展战略也存在着基础不同、战役不同、方式不同的不同点。中国同时具有"工业 2.0/2.5/3.0"多种制造业基础，德国具有"工业 3.8"的基础，而美国的工业技术领先全世界。不同的制造业基础也导致了各国采取的战略方式不同，德国和美国选择全面提升智能制造和先进制造，而中国采取"三步走"策略，利用创新驱动发展战略、"互联网+"战略双轮驱动，优先发展重点行业。

从不同视角对制造业发展进行剖析，目前主流的制造业发展主要基于大系统视角，它是传统制造视角与信息化视角的融合。而智能制造是在主流制造业的基础上不断满足个性化需求的产物，这也对制造概念的内涵和外延提出了新的挑战，而为了应对这一挑战，制造业发展急需一种新的视角，即智能系统视角，它是智能制造视角和深度信息化视角的融合，如图 6.2 所示。

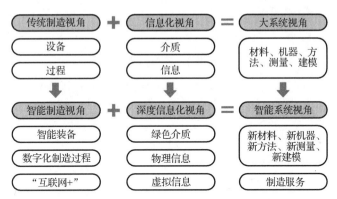

图 6.2　从不同视角剖析制造业发展

总之，智能制造的发展目标，就是顺应"互联网+"的发展趋势，以信息化与工业化深度融合为主线重点促进以云计算、物联网、大数据为代表的新一代信息技术与现代制造业、生产型服务业等的创新融合，发展壮大以智能制造、智能服务为代表的新业态，形成协同制造新模式。

6.1.2　智能制造模式

近年来，工业 4.0 概念的兴起，拉开了新一代智能制造技术应用的序幕，物联网技术、移动宽带、云计算技术、信息物理系统及大数据技术先后应用于制造系统，逐渐改变了当前制造模式发展格局，极大地推动了新型制造模式的发展。

1．典型智能制造模式

随着智能制造技术的发展及应用，已经诞生了一批典型的智能制造模式，这些新模式可以划分为 9 大类。

（1）以满足用户个性化需求为引领的大规模个性化定制制造模式，代表企业有青岛红领、佛山维尚家具、浙江报喜鸟、美克家居。

（2）以缩短产品研制周期为核心的产品全生命周期数字一体化制造模式，代表企业有中国商飞、中航工业西安所、长安汽车、三一集团。

（3）基于工业互联网的远程运维服务制造模式，代表企业有陕鼓动力、金风科技、哈尔滨电机厂、博创智能。

（4）以供应链优化为核心的网络协同制造模式，代表企业有西安飞机工业、潍柴动力、美的集团、泉州海天材料科技。

（5）以打通企业运营"信息孤岛"为核心的智能工厂制造模式，代表企业有海尔集团、九江石化、宝山钢铁、东莞劲胜。

（6）以质量管控为核心的产品全生命周期可追溯制造模式，代表企业有伊利集团、蒙牛乳业、康缘药业、丽珠医药。

（7）以提高能源资源利用率为核心的全生产过程能源优化管理制造模式，代表企业有镇海炼化、江西铜业、唐钢公司、桐昆集团。

（8）基于云平台的社会化协同制造模式，代表企业有航天智造、山东云科技、矿冶总院。

（9）快速响应多样化市场需求的柔性制造模式，代表企业有宁夏共享、宁波慈星。

2．智能制造应用模式案例

1）从消费者到生产者制造模式：青岛红领

2012 年以来，中国服装制造业订单快速下滑，大批品牌服装企业遭遇高库存和零售疲软困境。面对市场疲软带来的压力，青岛红领依托大数据技术，在全球第一个实现服装大规模个性化定制的智能制造，创造了从消费者到生产者（Customer to Manufactory，C2M）+O2O 的全新营销模式。C2M 制造模式是以信息化与工业化深度融合为引领，以 3D 打印技术为代表，从而实现个性化定制的大规模工业化生产，是信息化和互联网条件下的个性化制造，其先进性在于以工业化的效率制造个性化产品，效率高、成本低、质量稳定、满足个性化需求，如图 6.3 所示。

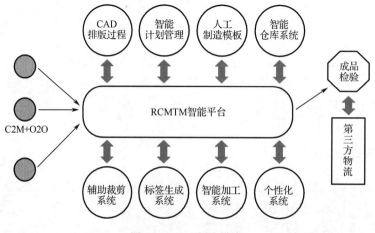

图 6.3　C2M 制造模式

在 C2M 制造模式下，顾客可以在 1min 内拥有专属于自己的"版型"，全球顾客可以在网上自主设计，自主选择自己想要的款式、面料、工艺，如纽扣的样式和数量、刺绣的内容，甚至每处缝衣线的颜色和缝法。这些依靠的就是个性化定制的智能系统，这套系统可以实现版型设计、工艺匹配、面辅料供应整合、任务排程、工序分配、驱动裁剪、指挥员工流水线生产、服装配套、服装入库等环节自动化生产，工厂可以在 7 个工作日内完成服装制造，顾客可以在 10 天左右收到完全属于自己的个性化定制服装。成本仅是非定制服装的 1.1 倍。

2）大规模定制化生产制造模式：海尔集团

为提升企业竞争力，更稳固地占领市场，海尔集团提出了大规模定制化生产制造模式，该制造模式具有 4 个特点：个性化的用户需求设计，供应商与制造商之间的信息共享，生产、售后服务的快速响应，产品智能化、生产自动化的智能工厂。大规模定制化生产流程如图 6.4 所示。

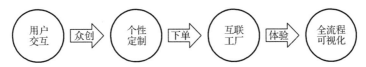

图 6.4　大规模定制化生产流程

（1）用户交互：设计到制造全流程可视化，对象包括实时生产信息、核心模块供应商信息、核心质量信息等。

（2）个性定制：通用性较高部件为不变模块，可变模块可由用户随意转变定制，如机身材质、容量、颜色等。

（3）互联工厂：通过工厂改造，实现标准化、精益化、模块化、数字化、自动化、智能化。

（4）全流程可视化：以 MES 为核心，对工厂内的制造资源、计划、流程等进行实时管控。

3）可视化数字工厂制造模式：上海电气电站设备有限公司临港工厂

上海电气电站设备有限公司临港工厂成立于 2007 年 8 月 1 日，主要生产大型电站主机设备，是上海电气"8+1"世界级工厂建设企业之一。作为工信部"两化融合"示范基地，该临港工厂从成立之初就采用国际化的管理理念、先进的加工设备，以数字化手段逐步形成了行业内技术领先的"可视化"数字工厂。

上海电气电站设备有限公司临港工厂为解决传统制造业企业计划和实际生产脱节的问题，自主开发了适合大型离散制造行业的离散型 MES（见图 6.5）以完善车间的执行管理工作，在传统的 ERP 生产计划排产的基础上，通过实施高级计划排程系统，降低综合生产成本，快速响应用户和市场需求的变化，并通过建立 ERP 系统与 MES 间信息的自动流转机制，实现采购、生产、销售等业务的无缝集成，实现产品生产过程的跟踪和监控。

可视化数字工厂制造模式通过 ERP 系统、MES 等一体化信息平台的集成应用，实时收集车间实际生产进度和质量数据，并通过管理看板予以展现，使管理及生产人员清晰了解工厂计划与实际完成情况，实现生产制造精细化管理。

4）大数据分析制造模式：航天八院八部

航天八院综合测试大数据管控中心与总装厂综合测试现场的数据实时传输链路成功打通，标志着综合测试大数据管控平台一期建设完成，总体部、总装厂的设计生产联动目标已经达成。目前，航天八院八部开展的工业大数据应用主要体现在以下几个方面。

（1）远程诊断模式。视频直播模块实现了总体部与总装厂的信息交互，拉近了两者之间的空间距离。总体部设计师不用去总装厂，在平台上就可以通过视频直播实时了解总装厂的状态，并远程进行技术支持。综合测试发生故障时，设计师可以实时接收测试设备推送的故障过程数据，结合"数据回放"模块快速进行故障判读分析。远程诊断工作通常在半小时内就可以实现，相比原有诊断模式，诊断效率提升率达 80%以上，而故障的快速响应对型号研制和生产效率的提升具有重要意义。

（2）数据分析服务。数据分析服务是综合测试大数据管控平台的又一重要功能，以往型号的包络分析工具均由各型号总体设计师完成，这不仅增加了总体设计师的负担，还造成分析工具五花八门、无法统一。为此，管控平台提供了通用的包络分析工具，可对各型号开展包络分析，并进行极值、均值、方差、序号等个性化调整和设置，快速获取包络线外数据的对应信息。此外，管控平台还可快速实现批产产品的一致性分析，通过人工智能算法对产品的时序逻辑进行验证和分析，支持设计师开展产品潜回路故障分析和预警，为产品的健康状态评估提供大数据支撑。

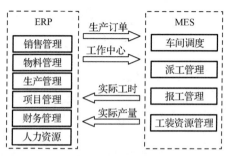

图 6.5　离散型 MES

5）绿色智能化纤工厂制造模式：桐昆集团

桐昆集团以工艺创新为基础，研发并应用智能化的新工艺、设备，达到优化生产工艺的目的。通过与相关高新技术企业合作，桐昆集团正在快速建造自己的绿色智能化纤工厂，如桐昆恒邦厂区四期纺丝工段。涤纶长丝丝饼是桐昆集团的主要产品，聚对苯二甲酸乙二醇酯（Polyethylene Terephthalate，PET）熔体自喷丝板挤出并形成一道道熔体细流，经过冷却吹风、集束上油形成长丝，再经过纺丝雨道由卷绕工段的卷绕头形成一个个丝饼。其中，长丝由几十根甚至上百根细若发丝的细丝融合而成，并且长丝在每分钟几千米的速度下卷绕成丝饼。此过程需要严格的工艺控制，稍微有一点参数的波动都可能造成飘丝，而如果飘丝未被及时发现和处理便会造成断头，进而降低产品优等率，降低企业效益。飘丝、断头一直以来都是困扰业内的难题，以往只能由线上纺丝工人进行巡检来处理，但是工人巡检不及时甚至误检、漏检时有发生，桐昆集团通过配置自动巡检机器人，对飘丝、断头进行智能监控，并实时输出监控数据，引导相关工作人员进行处理。对收集到的信息进行分析，能够帮助车间及时发现飘丝、断头等现象产生的原因，提高产品优等率。

绿色工厂的核心主题就是节能减排，桐昆集团恒邦厂区四期项目自建立之初便对产能效益和绿色工厂概念进行了综合考量，在厂区之间建立了完善的链廊物流系统，该物流系统如同血管一样连接着各个厂区并深入厂区的各个车间，为各车间之间丝饼的运输、信息交换带来了极大便利。卷绕车间生产的丝饼由自动落筒机器人落到丝车上，再由链廊运往其他车间，省去了许多中间环节，在提高厂区内物流效率的同时，降低了能源损耗。

　　此外，桐昆集团还与中国电信公司签署了 5G 发展战略，利用 5G 通信所具备的高速率、低延迟特点，建立信息化系统，通过先进的信息技术，对与车间相关的信息进行采集、整理、传送和分析，提升生产过程自动化率，推动企业管理方式网络化，促进领导决策智能化，实现企业商务运营电子化。

6.2　工业物联网技术

　　制造业自诞生之日起就有了一定的信息化基础，随着工业革命，特别是第三次工业革命的开展，制造业信息化水平节节攀升。物联网作为近年来提出的一种信息化技术，对制造业信息化的功能和平台的进一步提升起到关键作用。物与物之间信息的沟通和传递，可以使制造过程更加信息化和智能化。本节将对物联网技术及其中的工业互联网技术等展开介绍。

6.2.1　物联网概述

　　物联网来自英文词组"Internet of Things"就是"物物相连的智能互联网"。首先，物联网的核心和基础仍然是互联网，是在互联网基础上延伸和扩展的网络；其次，其用户端延伸和扩展到了任何物品与物品之间，进行信息交换和通信；最后，该网络具有智能属性，可进行智能控制、自动监测与自动操作。更具体地，一般认为物联网是通过射频识别（RFID）、红外感应器、全球定位系统、激光扫描器等信息传感设备，按约定的协议，把任何物品与互联网连接起来，进行信息交换和通信，以实现智能化识别、定位、跟踪、监控和管理的一种网络。

　　物联网概念的提出已经有 20 余年的历史，并在世界范围内引起越来越多的关注。在国内，随着政府对物联网产业关注和支持力度的显著提高，物联网已经逐渐从产业愿景走向现实应用，中国物联网产业正进入百花齐放的"应用启动"阶段。

　　物联网的概念最早是在 1999 年提出的。在中国，物联网曾被称为传感网。2005 年 11 月 17 日，在突尼斯举行的信息社会世界峰会上，国际电信联盟（ITU）发布了《ITU 互联网报告 2005：物联网》，正式提出了"物联网"的概念。由于信息和通信技术的发展，开辟了一个新的维度：从任何人在任何时间、任何地点进行信息交换，到现在可以连接任何事物，互联的倍增，由此创造出一个全新的动态网络物联网。届时，世界上所有的物体，都可以通过互联网主动进行交换。物联网体系结构如表 6.1 所示。

表 6.1　物联网体系结构

名　　称	描　　述	典 型 技 术
感知层	主要用于对物理世界中的各类物理量、标识、音频、视频等数据的采集与感知	传感器、RFID、二维码等
网络层	主要用于实现更广泛、更快速的网络互联，把感知到的数据、信息可靠、安全地传送	互联网、无线通信网、卫星通信网与有线电视网等
应用层	主要包含应用支撑平台子层和应用服务子层。应用支撑平台子层用于支撑跨行业、跨应用、跨系统的信息协同、共享和互通	智能交通、智能家居、智能物流、智能医疗、智能电力、数字环保、数字农业、数字林业等领域

　　物联网技术是一项技术革命，依赖于射频识别技术、传感器技术、纳米技术、智能嵌入技术等的创新和应用。射频识别技术使日用品及其设备的信息可以导入大型的数据库和网络，主要用于物体数据的收集和处理。传感器技术能够检测物体物理状态的改变，拓宽物体的自动

提取方式及范围。智能嵌入技术增强了处理性能，使越来越小的物体可以交互。

6.2.2 工业互联网

工业互联网是物联网重要的组成部分之一，只不过物联网应用的范围比工业互联网更大。实际上，工业互联网革命已经展开，近10年，企业逐步将互联网技术应用到工业生产。尽管如此，目前基于互联网的数字技术还没有将全部潜力充分实现于全球产业体系。智能设备、智能系统和智能决策代表物理学在机器、设备、机组和网络上的主要应用方式，而这些应用把数据传输、多数据、数据分析很好地融合到一起。

本质上，互联网解决人和人之间的信息交互和共享，而物联网解决更大维度的人和物、物和人、物和物之间的信息交互和共享。

1. 工业互联网的定义、关键要素与价值分析

GE公司的伊斯梅尔认为所谓工业互联网就是指"开放、全球化的网络"，可将人、数据和机器连接起来。工业互联网的目标是实现关键工业领域的转型升级。这是一个庞大的物理世界，由机器、设备、集群和网络组成，能够在更深的层面与连接能力、大数据、数字分析相结合。这就是工业互联网革命。工业互联网的关键要素有以下几点。

（1）智能机器：将世界上各种机器、设备组、设施和系统网络与先进的传感器、控制和软件应用程序相连接。

（2）高级分析：利用物理分析、预测算法、自动化及材料科学、电气工程等关键学科的专业知识来了解机器与大型系统的运转方式；在任何时候都将人相连（无论他们在办公室还是在行进中）以支持更加智能的设计、运营、维护，以及更高质量的服务和安全性。

GE公司认为工业互联网的价值总体上从三个方面来体现。

（1）提高能源（包括油、气、电等）的使用效率，减少能源的浪费，并提高使用率，从侧面也等于提高了国内生产总值（GDP）。

（2）提高工业系统与设备的维修和维护效率，减少宕机的时间，减少故障，并缩短维护时间，这相当于提高了生产力。

（3）优化并简化运营，提高运营效率，这相当于解放了更多宝贵的人力资源，让他们可以进行更有价值和富有创新的工作。

2. 工业互联网的价值分析和应用案例

1）氯化镍电池工厂

GE公司在美国纽约州斯克内克塔迪市有一家氯化镍电池工厂，在$180000ft^2$（$1ft^2$=0.093m^2）的电池生产厂区内，一共安装了1万多个传感器，并全部连接高速内部以太网进行数据传输。这些传感器有的用来检测电池制造核心的温度，有的用来检测制造一块电池所耗费的能源，还有的用来检测生产车间的气压。在流水产线外，管理人员手拿iPad通过工厂的Wi-Fi网络来获取这些传感器发出的数据，监督生产过程。

在新工厂中生产的电池上都标有序列号和条形码，方便各种传感器进行识别。如果管理人员想知道电池组件的耗能情况或者一天的产能，只需在强力的工作站上完成数据采集和分析。抽检的电池如果某一环节出现问题，就可以通过追踪传感器产生的数据发现问题的根源，并及时解决。传感器和机器之间也有数据交换，当某一传感器发现流水线移动缓慢时，就会"告

知"机器，让它们降低传输的速度。

另外，GE 公司还准备将天气预报加入斯克内克塔迪市电池工厂的工业互联网中，因为电池生产受气压、湿度的影响非常大，加入天气预报更加有利于管理人员采取相应的对策，保证电池生产的质量和数量。

2）喷气发动机

在美国加利福尼亚州圣拉蒙市的 GE 软件研发中心，工作人员通过测试来筛选 2 万台喷气发动机的各种细小警报信息，可以提供发动机维修的前瞻性评估数据，包括能够提前一个月预测哪些发动机急需维护修理，准备率达到 70%。这套系统的一个价值，就是可以让飞机误点率大幅降低。因为每年航班延误给全球航空公司带来 400 亿美元的损失，其中 10%的飞机延误正是由于飞机发动机等部件的突发性维修。

GE 航空还和埃森哲成立了一家名为 Taleris 的合资公司，为全球各地的航空公司和航空货运公司提供云计算服务，当一架飞机落地以后，Taleris 很快就可以把飞机数据用无线方式传递出去，随后为之量身打造一套专门的维修方案。航空公司因此也能够对飞机上的各项性能指标进行实时监测和分析，并对故障进行预测，从而避免飞机因计划外的故障造成损失。

GE 的下一代 GEnX 引擎中（装备"波音"787 飞机）将会保留每次飞行的所有基础数据，甚至会在飞机失事时传输回 GE 分析数据。这样一台引擎一年产生的数据量甚至会超过 GE 航空业务历史上所有的数据。海航是 GE 的合作伙伴，公司 5 年前就对飞机进行了资产的数据管理，以节省燃油和降低碳排放量。利用软件分析数据后，对系统进行改进，使得海航在 2011 年和 2012 年节省了 1.1%的燃油使用量，节约 2 亿多元人民币，同时碳排放量减少了 9.7 万吨。

6.2.3　5G 技术

1. 5G 技术的基本概念

移动通信延续着每 10 年一代技术的发展规律，已历经第一代移动通信技术（1G）、第二代移动通信技术（2G）、第三代移动通信技术（3G）、第四代移动通信技术（4G）的发展。每次代际跃迁、每次技术进步，都极大地促进了产业升级和经济社会发展。从 1G 到 2G，实现了模拟通信到数字通信的过渡，移动通信走进了千家万户；从 2G 到 3G、4G，实现了语音业务到数据业务的转变，传输速率成百倍提升，促进了移动互联网应用的普及和繁荣。当前，移动网络已融入社会生活的方方面面，深刻改变了人们的沟通、交流乃至整个生活方式。4G 网络造就了繁荣的互联网经济，解决了人与人随时随地通信的问题，随着移动互联网的快速发展，新服务、新业务不断涌现，移动数据业务流量爆炸式增长，4G 移动通信系统难以满足未来移动数据流量暴涨的需求，急需研发下一代移动通信系统。

第五代移动通信技术（5th Generation Mobile Communication Technology，5G）是具有高速率、低时延和大连接特点的新一代宽带移动通信技术，是实现人机物互联的网络基础设施。

国际电信联盟定义了 5G 的三大类应用场景，即增强移动宽带（eMBB）、超高可靠低时延通信（uRLLC）和海量机器类通信（mMTC）。增强移动宽带主要面向移动互联网流量爆炸式增长，为移动互联网用户提供极致的应用体验；超高可靠低时延通信主要面向工业控制、远程医疗、自动驾驶等对时延和可靠性具有极高要求的垂直行业应用需求；海量机器类通信主要面向智慧城市、智能家居、环境监测等以传感和数据采集为目标的应用需求。

5G 作为一种新型移动通信网络，不仅要解决人与人通信问题，为用户提供增强现实、虚拟现实、超高清（3D）视频等更加身临其境的极致业务体验，更要解决人与物、物与物通信问题，满足移动医疗、车联网、智能家居、工业控制、环境监测等物联网应用需求。最终，5G将渗透到经济社会的各行业、各领域，成为支撑经济社会数字化、网络化、智能化转型的关键新型基础设施。

2. 5G 技术的指标

5G 标志性能力指标为"Gbps 用户体验速率"，一组关键技术包括大规模天线阵列、超密集组网、新型多址技术、全频谱接入技术和新型网络架构。大规模天线阵列是提升系统频谱效率的最重要技术手段之一，对满足 5G 系统容量和速率需求起重要的支撑作用；超密集组网通过增加基站部署密度，可实现百倍量级的容量提升，是满足 5G 千倍容量增长需求的最主要手段之一；新型多址技术通过发送信号的叠加传输来提升系统的接入能力，可有效支撑 5G 网络千亿台设备连接需求；全频谱接入技术通过有效利用各类频谱资源，可有效缓解 5G 网络对频谱资源的巨大需求；新型网络架构基于 SDN（软件定义网络）、NFV（网络功能虚拟化）和云计算等先进技术可实现以用户为中心的更灵活、智能、高效和开放的 5G 新型网络。

5G 的主要特点是波长为毫米级、超宽带、超高速度、超低延时。1G 实现了模拟语音通信；2G 实现了语音通信数字化；3G 实现了语音以外图片等的多媒体通信；4G 实现了局域高速上网。1G～4G 都是着眼于人与人之间更方便快捷的通信，而 5G 将实现随时随地万物互联，让人类敢于期待与地球上的万物通过直播的方式无时差同步参与其中。"高速率"保障了信息的海量与无比充分的细节，"低时延"保障了跨越空间的同步与互动，而"广连接"使外部环境的点滴存在都可以成为信息细节的发出方，从物理世界高保真地迁移到数据世界，在物物相连的全新世界里，人类将有可能第一次使全部官能同步脱离"肉体"的束缚和禁锢。

3. 5G 技术的优势

5G 网络主要有三大特点：极高的速率、极大的容量、极低的时延。相对 4G 网络，传输速率提升 10～100 倍，峰值传输速率达到 10Gb/s，端到端时延达到毫秒级，连接设备密度增加 10～100 倍，流量密度提升 1000 倍，频谱效率提升 5～10 倍，能够在 500km/h 的速度下保证用户体验。与 2G、3G、4G 仅面向人与人通信不同，5G 在设计时，就考虑了人与物、物与物的互联，全球电信联盟接纳的 5G 指标中，除了对原有基站峰值速率的要求，还对 5G 提出 8 大指标：基站峰值速率、用户体验速率、频谱效率、流量空间容量、移动性能、网络能效、连接密度和时延。5G 最大的不同是将真正实现整个社会"万物互联"。例如，无人驾驶、云计算、可穿戴设备、智能家居、远程医疗等海量物联网，当 5G 发展到足够成熟的阶段时，能够实现真正意义上的物/物互联、人/物互联。新的技术革命人工智能、新的智能硬件平台虚拟现实（VR）、新的出行技术无人驾驶、新的场景万物互联等颠覆性应用，在 5G 的助力下，才可喷薄展开。

4. 5G 技术的缺点

回到现实，5G 技术要想全面延伸，当下技术所能达到的程度还很粗浅和简陋，想让计算机做到以假乱真还为时尚早。随着智能手机和平板电脑等移动终端设备的大量普及，移动通信产业对频谱的需求越来越大。然而，频谱资源具有两个缺点。

（1）可用的频谱资源总量有限，尤其是中低频段的优质频谱资源，数量更为稀少，5GHz以下的频段已非常拥挤。

（2）由于无线通信的广播特性，同一频段的频谱资源在被多个系统同时同地使用的时候会产生相互干扰，限制通信的质量。目前大部分可用的频谱资源被划分给各类不同的无线电系统使用，移动通信频谱紧缺的问题日益突出。

6.3　虚拟现实技术和增强现实技术

虚拟现实技术和增强现实技术作为高级人机交互技术，将在智能制造系统中发挥人与智能设备之间传递、交换信息媒介及对话接口的作用。随着智能制造系统的发展和虚拟现实技术与增强现实技术的不断成熟和进步，虚拟现实与增强现实必将逐步深入工业应用领域，在智能制造人机交互过程中充分发挥"智能之窗"的作用。本节将对虚拟现实技术与增强现实技术展开介绍。

6.3.1　虚拟现实技术

虚拟现实（Virtual Reality，VR）技术，又称灵境技术，是 20 世纪发展起来的一项全新的实用技术。虚拟现实技术集计算机、电子信息、仿真技术于一体，其基本实现方式是计算机模拟虚拟环境从而给人环境沉浸感。随着社会生产力和科学技术的不断发展，各行各业对虚拟现实技术的需求日益旺盛。虚拟现实技术取得巨大进步，并逐步成为一个新的科学技术领域。

1．虚拟现实技术概述

虚拟现实，是虚拟和现实的相互结合。从理论上讲，虚拟现实技术是一种可以创建和体验虚拟世界的计算机仿真系统，它利用计算机生成一种模拟环境，使用户沉浸在该环境中。虚拟现实技术就是利用现实生活中的数据，通过计算机技术产生电子信号，将其与各种输出设备相结合，使其转化为能够让人们感受到的现象，这些现象可以是现实中真真切切的物体，也可以是肉眼看不到的物质，通过三维模型表现出来。因为这些现象不是直接能看到的，而是通过计算机技术模拟出来的现实中的世界，故称为虚拟现实。

虚拟现实技术是一门综合性技术，融合了较多科技手段，如数字图片处理技术、多媒体技术、传感器技术等，具有综合性的功能。虚拟现实技术还融合了硬件技术和软件技术，集硬件、软件各项优势于一体，使得受众可以沉浸在虚拟世界，并在虚拟世界进行操控和观看。近年，虚拟现实技术在社会上引起了不小的应用反响，讨论声热烈，受欢迎程度也在逐年上升，已经成为当前最主流的技术，越来越多的用户喜欢投入虚拟现实技术构建出的虚拟世界中进行体验，不仅能做到实时掌控和操作，还能在其中收获刺激的观感和体验，实现了人机互动，大大体现了计算机、虚拟现实技术的先进优势，也给大众带来更好的体验，大大满足了人们的需求。由此可见，虚拟现实技术拥有广泛的市场，也有许多提升空间。

2．虚拟现实技术的分类

虚拟现实技术的最主要应用亮点在于可以让受众沉浸在虚拟环境中，由于不同的沉浸形式和体验形式，当前虚拟现实系统主要分为以下 4 种类型。

1）桌面虚拟现实系统

桌面虚拟现实系统主要利用计算机和工作站进行仿真，计算机显示器可以作为现实世界与虚拟世界的连通窗口，用其他工具操控虚拟现实中的场景切换和情境操作，并且对虚拟世界中构建的物品进行逼真使用，想要达到这样的效果，还需要用户实时操控鼠标等工具，并在显示器前密切关注虚拟环境的变化，根据不同场景做出不同调整。通过计算机的应用，用户可以在虚拟环境中做到 360°转换，还可以操纵各类物品改变环境属性以推动情节发展，虽然可以激发用户的兴趣，但是这份兴趣并不能做到使用户全身心投入，仍旧会受到一些因素的干扰，如外界噪声、变动等。

2）沉浸型虚拟现实系统

沉浸型虚拟现实系统提供的是投入功能，可以使用户置身于虚拟世界中。它的应用功能主要集中在头盔、手套、跟踪器、手控等设备上，这些设备的应用齐头并进，大大增加了用户真实体验感，使用户可以全身心投入进去。

3）增强现实型虚拟现实系统

增强现实型虚拟现实系统不仅可以构建逼真的虚拟世界，还可以增强体验者的切身感受，并将现实生活中人们无法感知的感觉在虚拟现实中得以体验，对于广大用户来说是一种难能可贵的体验。

4）分布式虚拟现实系统

分布式虚拟现实系统支持多个用户的计算机进行连接，将多个用户带入同一个场景中，增强多人的体验感，增强真实感，加强娱乐性、趣味性，也由此产生了更广阔的虚拟空间和虚拟场景。

3. 虚拟现实技术的具体应用

1）在模拟驾驶方面的应用

由于大型机械设备价格昂贵，其操作需要具有专业知识，况且在某些操作中可能存在安全隐患，各类风险居高不下，在这种状况下，虚拟现实技术就可以，用于开发汽车模拟驾驶器，构建虚拟的驾车场景，不断根据场景切换做出贴合反应，并在投入过程中实时配合指导工人进行操作，大大节省了成本，减少了风险，显而易见地提升了真实机械设备操作成效，有助于企业长远、可持续发展。

2）在航空发动机装配中的应用

在以往的航空发动机装配过程中，对人力的需求往往过大，再加上发动机零件类型众多，装配要求较高，往往对人力的专业性也要求较高，生产周期难以缩短，成本顺势居高不下，人力和成本的制约让装配效率迟迟得不到提升。而虚拟现实技术在航空发动机装配中的应用，大大改变了这种格局，利用虚拟现实技术对发动机三维模型虚拟装配，可以减少装配失误率，大大减轻工人承担的责任与压力，也有效帮助工人提高了发动机装配熟练度，在成本减少的基础上效率大大提升，可谓一举两得，切实发挥了虚拟现实技术的强大优势。

6.3.2 增强现实技术

增强现实（Augmented Reality，AR）技术是一种实时计算摄影机影像的位置及角度并加上相应图像的技术，这种技术的目标是在屏幕上把虚拟世界套在现实世界上并进行互动。这种技术最早于 1990 年提出。随着随身电子产品运算能力的提升，增强现实的用途越来越广。

1. 增强现实技术概述

增强现实技术，是一种将真实世界信息和虚拟世界信息"无缝"集成的新技术，它将原本在现实世界的一定时间空间范围内很难体验到的实体信息（视觉信息、声音、味道、触觉等）通过计算机等科学技术，进行模拟仿真后再叠加，将虚拟的信息应用到真实世界，被人类感官所感知，从而达到超越现实的感官体验。真实的环境和虚拟的物体实时叠加在同一个画面或空间，同时存在。增强现实技术，不仅展现了真实世界的信息，而且将虚拟的信息同时显示出来，两种信息相互补充、叠加。在视觉化的增强现实中，用户利用头盔显示器，把真实世界与多计算机图形重合在一起，便可以看到真实的世界围绕着他。增强现实技术包含了多媒体、三维建模、实时视频显示及控制、多传感器融合、实时跟踪及注册、场景融合等新技术与新手段。增强现实技术提供的信息不同于在一般情况下人类可以感知的信息。

2．增强现实技术的应用领域

增强现实技术不仅在与虚拟现实技术相类似的应用领域（如尖端武器、飞行器的研制与开发、数据模型的可视化、虚拟训练、娱乐与艺术等领域）得到广泛的应用，而且由于其具有能够对真实环境进行增强显示输出的特性，在医疗研究与解剖训练、精密仪器制造和维修、军用飞机导航、工程设计和远程机器人控制等领域，具有比虚拟现实技术更加明显的优势。德国西门子某工厂提出了远程专家协助系统的优化需求，并研发了增强现实远程标准化作业系统，通过使用增强现实智能眼镜传输数据，指导工程师进行设备安装、维保、检修等，主要案例包括运用增强现实、MR（混合现实）远程专家系统实现的德国克虏伯电梯维修实例。

医疗领域：医生可以利用增强现实技术，轻易地进行手术部位的精确定位。

军事领域：部队可以利用增强现实技术，进行方位的识别，获得实时所在地点的地理数据等重要军事数据。

古迹复原和数字化文化遗产保护（领域）：文化古迹的信息以增强现实的方式提供给参观者，参观者不仅可以通过头戴式显示器（Helmet-Mounted Display，HMD）看到古迹的文字解说，还能看到遗址上残缺部分的虚拟重构。

工业维修领域：通过头戴式显示器将多种辅助信息显示给用户，包括虚拟仪表的面板、被维修设备的内部结构、被维修设备零件图等。

网络视频通信领域：使用增强现实技术和人脸跟踪技术，在通话的同时在通话者的面部实时叠加帽子、眼镜等虚拟物体，在很大程度上提高了视频对话的趣味性。

6.4　数字孪生技术

6.4.1　数字孪生概述

数字孪生的概念最早由密歇根大学的 Michael Grieves 博士于 2002 年提出（最初的名称为"Conceptual Ideal for PLM"），至今已有超过 20 年的历史。数字孪生被形象地称为"数字化双胞胎"，是智能工厂的虚实互联技术。在构想、设计、测试、仿真、产线、厂房规划等环节，通过此技术可以虚拟地判断出生产或规划中的所有工艺流程，以及可能出现的矛盾、缺陷、不匹配，所有情况都可以用这种方式进行事先仿真，缩减大量方案设计及安装调试时间，加快交付周期。

根据西门子对数字孪生技术的定义，数字孪生是实际产品或流程的虚拟表示，用于理解和预测对应物的性能特点。在投资实体原型和资产之前，可使用数字孪生技术在整个产品生命周期中仿真、预测和优化产品与生产系统。通过结合多物理场仿真、数据分析和机器学习功能，数字孪生不再需要搭建实体原型，即可展示设计变更、使用场景、环境条件和其他无限变量所带来的影响，同时缩短开发时间，并提高成品或流程的质量。

数字孪生技术是将带有三维数字模型的信息拓展到整个产品生命周期中的影像技术，最终实现虚拟与物理数据同步和一致，它不是让虚拟世界做现在已经做到的事情，而发现潜在问题、激发创新思维、不断追求优化进步才是数字孪生的目标所在。数字孪生技术帮助企业在实际投入生产之前即能在虚拟环境中优化、仿真和测试，在生产过程中也可同步优化整个企业流程，最终实现高效的柔性生产、实现快速创新上市，锻造企业持久竞争力。

数字孪生技术是制造企业迈向工业 4.0 战略目标的关键技术，通过掌握产品信息及其生命周期过程的数字思路，将所有阶段（产品创意、设计、制造规划、生产和使用）衔接起来，并连接到可以理解这些信息并对其做出反应的生产智能设备。

数字孪生技术并不局限于单纯的数值仿真或者机器学习技术。相对于传统的数值仿真方法，数字孪生可以应用物理实体反馈的数据进行自我学习和完善；另外，相对于机器学习，数字孪生可以对物理过程的仿真和领域知识进行更加准确的理解与预测。

6.4.2　产品数字孪生技术

在产品的设计阶段，利用数字孪生可以提高设计的准确性，并验证产品在真实环境中的性能。产品数字孪生包含产品所有设计元素的信息，如产品的三维几何模型、系统工程模型、物料清单（Bill of Material，BOM）表、一维至三维及多学科的仿真模型、电气系统设计、软件与控制系统设计等。它可以在产品的设计阶段预测产品的各项物理性能及整体性能，并在虚拟环境中对产品进行调整或优化。产品数字孪生关键技术涉及以下几个方面。

1. 数字模型设计

数字模型设计是指使用 CAD 工具开发出满足技术规格的产品虚拟原型，精确地记录产品的各种物理参数，以可视化的方式展示出来，并通过一系列验证手段来检验设计的精准程度。

2. 模拟和仿真

通过一系列可重复、可变参数，以及可加速的仿真实验，来验证产品在不同外部环境下的性能和表现，在设计阶段就可验证产品的适应性。

对单个维度物理性能或系统性能进行数值仿真的技术在当前已比较成熟。然而，对于复杂的实际产品，运行时的性能涉及多物理场、多学科的综合作用。例如，对海上漂浮的风力发电平台进行产品数字孪生开发，就需要同时集成涡轮叶片的空气动力特性、浮体的水动力特性、浮体的结构变形特性，以及发电系统的响应特性、控制系统的逻辑与算法等多个方面的一体化仿真验证技术。为此，在数字化模型的基础上，基于单个系统或多个系统的联合仿真对产品的性能进行预测分析同样是实现产品数字孪生的重要技术。

3. 其他技术

实现完备的产品数字孪生，还需要建模和仿真之外的其他技术，如创成式设计技术、基于历史数据的仿真结果校准技术等。产品数字孪生将在需求驱动下，建立基于模型的系统工程产品研发模式，实现"需求定义—系统仿真—功能设计—逻辑设计—物理设计—设计仿真—实物试验"全过程闭环管理。

6.4.3　生产数字孪生技术

生产数字孪生针对生产装配的过程，在产品实际投入生产之前通过仿真等手段验证制造流程在各种条件下的实际效果，最终达到加快生产速度与提高稳定性的目的。在产品的制造阶段，生产数字孪生的主要目的是确保产品可以被高效、高质量和低成本地生产，它所要设计、仿真和验证的对象主要是生产系统，包括制造工艺、制造设备、制造车间、管理控制系统等。

利用数字孪生技术可以加快产品导入的时间，提高产品设计的质量，降低产品的生产成本和提高产品的交付速度。产品生产阶段的数字孪生是一个高度协同的过程，通过数字化手段构建虚拟产线，可将产品本身的数字孪生同生产设备、生产过程等其他形态的数字孪生高度集成。生产数字孪生技术包括以下几个方面的关键技术。

1．工艺过程

将产品信息、工艺过程（Bill of Process，BOP）信息、工厂产线信息和制造资源信息通过结构化模式的组织管理，达到产品制造过程的精细化管理，基于产品工艺过程模型信息进行虚拟仿真验证，同时为制造系统提供排产准确输入。

2．虚拟制造（Virtual Manufacturing，VM）评估——人机/机器人仿真

基于一个虚拟的制造环境来验证和评价装配制造过程和装配制造方法，通过产品 3D 模型和生产车间现场模型，可对具备机械加工车间的数控加工仿真、装配工位级人机仿真、机器人仿真等提前进行虚拟评估。

3．虚拟制造评估——产线调试

数字化工厂柔性自动化产线建设投资大，建设周期长，自动化控制逻辑复杂，现场调试工作量大。

按照产线建设的规律，发现问题越早，整改成本越低，因此有必要在产线正式生产、安装、调试之前，在虚拟的环境中对产线进行模拟调试，解决产线的规划、干涉、PLC 的逻辑控制等问题，在综合加工设备、物流设备、智能工装、控制系统等各种因素中全面评估产线的可行性。

生产周期长、更改成本高的机械结构部分在虚拟环境中进行展示和模拟；易构建和修改的控制部分由 PLC 搭建的物理控制系统实现，由实物 PLC 控制系统生成控制信号，虚拟环境中的机械结构作为受控对象，模拟整个产线的动作过程，从而发现机械结构和控制系统的问题并在物理样机建造前予以解决。

4．虚拟制造评估——生产过程仿真

在产品生产之前，就可以通过虚拟生产的方式来模拟在不同产品、不同参数、不同外部条件下的生产过程，实现对产能、效率及可能出现的生产瓶颈等问题的提前预判，加速新产品导入过程。

将生产阶段的各种要素（如原材料、设备、工艺配方和工序要求）通过数字化的手段集成在一个紧密协作的生产过程中，并根据既定的规则，自动完成在不同条件组合下的操作，实现自动化的生产过程。同时记录生产过程中的各类数据，为后续的分析和优化提供依据。关键指标监控和过程能力评估：通过采集产线上的各种生产设备的实时运行数据，实现全部生产过

程的可视化监控，并且通过经验或者机器学习建立关键设备参数、检验指标的监控策略，对出现违背策略的异常情况进行及时处理和调整，实现稳定且不断优化的生产过程。

6.4.4 设备数字孪生技术

设备数字孪生技术是指在设备运行过程中将设备运行信息实时传送到云端，以进行设备运行优化、预测性维护与保养，并通过设备运行信息对产品设计、工艺和制造进行迭代优化。

1．设备运行优化

设备运行优化是指通过工业物联网技术实现设备连接云端、行业云端算法库及行业应用App，通过数字孪生和物联网等技术实现设备运行的优化。

2．连接层

连接层（Mindonnect）支持开放的设备连接标准，如 OPC UA（开放式产品通信统一架构），实现与第三方产品的即插即用。对数据传输进行安全加密。

3．平台层

平台层（Mindphere）为用户个性化 App 的开发提供开放式接口，并提供多种云基础设施，如 SAP、AWS、Microsoft Azure，并提供公有云、私有云及现场部署。

4．应用层

应用层（Mindpps）应用来自合作伙伴的 App 或由企业自主开发的 App，以获取设备透明度与深度分析报告。

5．预测性维护

基于时间的中断修复维护不再能提供所需的结果。通过对运行数据进行连续收集和智能分析，开辟了全新的数字化维护方式，通过这种洞察力，可以预测维护机器与工厂部件的最佳时间，并提供各种方式，以提高机器与工厂的生产力。预测性服务可将大数据转变为智能数据。数字化技术的发展可让企业洞察机器与工厂的状况，从而在实际问题发生之前，对异常情况和偏离阈值的情况迅速做出响应。

6．设计、工艺与制造的迭代优化

复杂产品的工程设计非常困难，产品团队必须将电子装置和控件集成进机械系统，使用新的材料和制造流程，满足更严格的法规，同时必须在更短期限内、在预算约束下交付创新产品。传统的验证方法不再有效。现代开发流程必须具有预测性，使用实际产品的数字孪生技术驱动设计并使其与产品进化保持同步，此外还要求具有可支撑的智能报告和数据分析功能的仿真和测试技术。

产品工程设计团队需要一个统一且共享的平台来实现多学科的仿真分析，而且该平台应具备易使用的先进分析工具，可提供效率更高的工作流程，并能够生成一致结果。设备数字孪生技术能帮助用户比以前更快地驱动产品设计，以获得更好、成本更低且更可靠的产品，并能更早地在整个产品生命周期内根据所有关键属性预测性能。

6.4.5 性能数字孪生技术

性能数字孪生，既包括实际生产产品的生产执行阶段的生产性数字孪生，也包括产品投入使用时的产品性能数字孪生。前者面向的是工厂与制造商，基于产线的实际情况与运行信息反馈对生产的数字孪生进行调整与优化；后者面向的是产品的用户，基于物理传感器等的信息对具体产品的实际特性进行提取与分析，实现预测性维护等功能，也可以通过产品的实际运行信息反馈指导产品的设计方案。

总体而言，性能数字孪生从物理实体中获得数据输入，并通过数据分析将实际结果反馈到整个数字孪生体系中，产生封闭的决策循环。

实现性能数字孪生需要以下几类关键技术。

1．快速仿真与实时预测

在生产的实际执行阶段或者产品的运行阶段，原材料、设备、流程、人员或者环境参数、运行状态等系统信息随时会出现调整与变动，而性能数字化"双胞胎"需要将这些变动实时地在数字空间内进行更新。为此，结合物理传感器输入的数据进行快速、实时的仿真与预测是实现性能数字孪生的重要技术。在产品投入运行后，基于数据输入与快速仿真技术可以对重要但难以测量的性能参数进行实时的仿真计算，实现对产品的预测性维护。例如，在电动机运行的过程中，可对电动机内部温度应用性能数字孪生技术进行分析和预测。

2．大数据分析与数据闭环

产线或产品的各个物理传感器会产生大量的数据，对这些实际数据应用机器学习等方法进行分析是实现主动响应、事故溯源、预测性维护等数字孪生信息反馈功能的重要技术。例如，生产性能数字孪生可以对生产过程中出现的事故等实际情况进行数据提取，通过机器学习与数值模拟验证等方式进行原因分析，并针对事故原因提出产品设计、生产流程设计中的针对性改进方案。

6.4.6 数字孪生技术在工业领域的应用

数字孪生技术最先应用于工业制造领域中。目前，全球领先的制造企业正在对数字孪生的理解与自身业务进行融合，以形成工业 4.0 时代下的解决方案。

GE 公司借助数字孪生这一概念，提出物理机械和分析技术融合的实现途径，让每个引擎、每个涡轮、每台核磁共振都拥有一个数字化的"双胞胎"，并通过数字化模型在虚拟环境下实现机器人调试、试验、优化运行状态等模拟，以便将最优方案应用在物理世界的机器上，从而节省大量维修、调试成本。

德国软件公司 SAP 基于 Leonardo 平台在数字世界打造了一个完的数字化"双胞胎"，在产品试验阶段采集设备的运行状况，进行分析后得出产品的实际性能，再与需求设计的目标比较，形成产品研发的闭环体系。

在中国也不乏这样的案例。2019 年 12 月，被誉为"世纪工程"的中俄东线天然气管道工程正式投产通气，得到中、俄两国元首的热烈祝贺和高度评价。作为中国首条"智能管道"样板工程，中俄东线天然气管道工程构建了一个"数字孪生体"，实现了在统一的数据标准下研发、设计、采办和施工。随着运营动态数据的不断丰富，"数字孪生体"将跟随管道全生命周期而共同生长。

6.5 机器学习技术

6.5.1 机器学习概述

信息处理和知识合成是智能制造的重要环节，直接影响系统运行和产品实现的质量与效率。机器学习技术能够通过消化和归纳各种制造加工过程中的海量数据信息，合成决策知识，提高制造系统的自主学习能力，逐渐成为智能制造研究的热点。机器学习是一门多领域交叉学科，涵盖概率论知识、统计学知识、近似理论知识和复杂算法知识，使用计算机作为工具并致力于真实并实时地模拟人类学习的方式，将现有内容进行知识结构划分以有效提高学习效率。下面将对机器学习技术进行进一步介绍。

6.5.2 大数据环境下机器学习的研究现状

随着大数据时代各行业对数据分析的需求持续增加，通过机器学习高效地获取知识，已逐渐成为当今机器学习技术发展的主要推动力。大数据时代的机器学习更强调"学习本身是手段"，机器学习成为一种支持和服务技术。如何基于机器学习对复杂多样的数据进行深层次的分析并更高效地利用信息成为当前大数据环境下机器学习研究的主要方向。所以，机器学习越来越朝着智能数据分析的方向发展，并已成为智能数据分析技术的一个重要源泉。另外，在大数据时代，随着数据产生速度的持续加快，数据的体量有了前所未有的增长，而需要分析的新的数据种类也在不断涌现，如文本的理解、文本情感的分析、图像的检索和理解、图形和网络数据的分析等。这使大数据机器学习和数据挖掘等智能计算技术在大数据智能化分析处理应用中具有极其重要的作用。在 2014 年 12 月中国计算机学会（CCF）大数据专家委员会上通过的数百位大数据相关领域学者和技术专家投票推选出的"2015 年大数据十大热点技术与发展趋势"中，结合机器学习等智能计算技术的大数据分析技术被推选为大数据领域第一大研究热点和发展趋势。

6.5.3 机器学习的分类

几十年来，研究发表的机器学习方法有很多种，根据强调侧面的不同可以有多种分类方法。基于学习策略的机器学习可分为符号学习、连接学习及统计机器学习；基于学习方法的机器学习可分为归纳学习、演绎学习、类比学习及分析学习；基于学习方式的机器学习可分为监督学习、无监督学习与强化学习；基于数据形式的机器学习可分为结构化学习与非结构化学习。基于学习目标的机器学习可分为概念学习、规则学习、函数学习、类别学习及贝叶斯网络学习。

6.5.4 机器学习的常见算法

1. 决策树算法

决策树及其变种是一类将输入空间分成不同的区域，每个区域有独立参数的算法。决策树算法充分利用了树形模型，根节点到一个叶子节点是一条分类的路径规则，每个叶子节点象征一个判断类别。先将样本分成不同的子集，再进行分割递推，直至每个子集得到同类型的样本，从根节点开始，到子树，再到叶子节点进行测试，可得出预测类别。此算法的特点是结构简单、处理数据效率较高。

2．朴素贝叶斯算法

朴素贝叶斯算法是一种分类算法。它不是单一算法，而是一系列算法，它们都有一个共同的原则，即被分类的每个特征都与其他特征的值无关。朴素贝叶斯分类器认为这些"特征"分别独立地贡献概率，而不管特征之间的任何相关性。然而，特征并不总是独立的，这通常被视为朴素贝叶斯算法的缺点。简而言之，朴素贝叶斯算法允许使用概率给出一组特征来预测一个类。与其他常见的分类算法相比，朴素贝叶斯算法需要的训练很少。在进行预测之前必须完成的唯一工作是找到特征的个体概率分布的参数，这通常可以快速且准确地完成。这意味着即使对于高维数据点或大量数据点，朴素贝叶斯分类器也可以表现良好。

3．支持向量机算法

支持向量机算法的基本思想可概括如下：首先，要利用一种变换将空间高维化，当然这种变换是非线性的；然后，在新的复杂空间取最优线性分类表面。由此种方式获得的分类函数在形式上类似于神经网络算法。支持向量机是统计学习领域中的一个代表性算法，但它与传统方式的思维方法不同。它通过提高输入空间的维度从而将问题简化，使问题归结为线性可分的经典解问题。支持向量机应用于垃圾邮件识别、人脸识别等多种分类问题。

4．随机森林算法

控制数据树生成的方式有多种，根据前人的经验，大多数时候更倾向于选择分裂属性和剪枝，但这并不能解决所有问题，偶尔会遇到噪声或分裂属性过多的问题。基于这种情况，总结每次的结果可以得到袋外数据的估计误差，将它和测试样本的估计误差相结合可以评估组合树学习器的拟合及预测精度。此方法的优点有很多，如可以产生高精度的分类器，并能够处理大量的变数，也可以平衡分类资料集之间的误差。

5．人工神经网络算法

人工神经网络与神经元组成的异常复杂的网络大体相似，是个体单元互相连接而成的，每个单元有数值量的输入和输出，形式可以为实数或线性组合函数。它先要以一种学习准则学习，然后才能进行工作。当网络判断错误时，通过学习使其减少犯同样错误的可能性。此方法有很强的泛化能力和非线性映射能力，可以对信息量少的系统进行模型处理。从功能模拟角度看，此方法具有并行性，且传递信息速度极快。

6．Boosting 算法和 Bagging 算法

Boosting 算法是一种通用的增强基础算法性能的回归分析算法。不需要构造一个高精度的回归分析，只需一个粗糙的基础算法，再反复调整基础算法就可以得到较好的组合回归模型。它可以将弱学习算法提高为强学习算法，可以应用到其他基础回归算法（如线性回归、神经网络等）以提高精度。Bagging 算法与 Boosting 算法大体相似，但又略有差别，主要差别是它给出已知的弱学习算法和训练集，它需要经过多轮的计算，才可以得到预测函数列，最后采用投票方式对示例进行判别。

7．关联规则算法

关联规则是指用规则描述两个变量或多个变量之间的关系，它是客观反映数据本身性质

的方法。它是机器学习的一大类任务，可分为两个阶段：先从资料集中找到高频项目组；再研究它们的关联规则。得到的分析结果是对变量间规律的总结。

8．EM 算法

在进行机器学习的过程中需要用到极大似然估计等参数估计方法，在有潜在变量的情况下，通常选择 EM（最大期望）算法，不是直接对函数对象进行极大估计，而是添加一些数据进行简化计算，再进行极大化模拟。它是针对本身受限制或比较难直接处理的数据的极大似然估计算法。

9．深度学习算法

深度学习（Deep Learning，DL）是机器学习（Machine Learning，ML）领域中一个新的研究方向，它被引入机器学习使其更接近最初的目标——人工智能（Artificial Intelligence，AI）。深度学习是学习样本数据的内在规律和表示层次，从这些学习过程中获得的信息对诸如文字、图像和声音等数据的解释有很大的帮助。它的最终目标是让机器能够像人一样具有分析学习能力，能够识别文字、图像和声音等数据。深度学习是一种复杂的机器学习算法，在语音和图像识别方面取得的效果远远超过先前的相关技术。深度学习在搜索技术、数据挖掘、机器学习、机器翻译、自然语言处理、多媒体学习、语音、推荐和个性化技术，以及其他相关领域都取得了很多成果。深度学习使机器模仿视听和思考等人类活动，解决了很多复杂的模式识别难题，使人工智能相关技术取得了很大进步。

6.5.5 机器学习技术在工业领域的应用

1．过程监测和质量控制

机器学习在产品加工过程监测和质量控制中的具体应用主要包括以下几个方面。

（1）产线监控：机器学习技术能够实时监控产线的运行状况，对产线进行自动化调控，从而降低设备的闲置和维修成本，提高生产效率。

（2）智能分析与决策：机器学习技术能够对生产过程中的数据进行智能分析，根据业务需求自主发现并挖掘数据中的有价值信息，支持质量控制管理人员进行决策和优化。

（3）设备维护：机器学习技术能够对生产设备进行智能维护，实现对生产设备的精细化管理，保证设备稳定运行。

（4）质量预测：通过建立质量预测模型，可以预测出产品的质量指标，从而及时发现质量问题，并采取相应措施避免或改善质量问题。

（5）缺陷检测：利用机器学习算法，可以实现对产品/零部件的缺陷检测，从而提高检测效率和精度，同时减少人力和物力成本。

2．过程建模和自适应控制

与传统的自动控制方法相比，机器学习在自适应控制中具有许多优势。首先，机器学习可以针对不确定性和复杂性较高的系统进行建模和控制。传统的数学模型方法往往需要对系统的物理特性有较为准确的了解，而机器学习方法可以通过学习大量的数据，从中挖掘出系统的内在规律和特征，无须事先对系统进行精确建模。其次，机器学习可以对非线性系统和时变系统进行建模和控制。由于许多实际系统具有非线性特性和时变特性，传统的控制方法往往无法很好地应对，而机器学习方法可以通过深度学习等技术有效地解决这一问题。此外，机器学习还可以实现系统的自适应学习和优化。通过不断学习和优化，机器学习模型可以逐渐提高控制的性能，使系统更加智能化和高效化。

3．产品设计和系统设计

新产品设计通常从以往相似的产品中提取可用信息。监督式学习算法，如决策树、支持向量机和神经网络等，可以用于对设计结果进行分类和回归；无监督式学习算法，如聚类算法和降维算法等，可以用于发现设计数据中的模式和结构；强化学习算法，如 Q 学习和策略梯度算法等，可以用于设计智能体在设计环境中的学习并做出决策。例如，采用概念聚类算法建立设计信息检索系统，并根据加工特征进行零件分类；利用 BP 网的联想记忆，学习功能需求与设计方案之间的映射关系，实现产品设计。

4．工艺设计和工序规划

零件加工方法的选择是指从期望加工特征空间到适当加工参数空间映射关系的求解，设计中常用的设计手册和建模计算工具（仿真系统）只提供了加工特征与加工参数关系的逆映射，即由加工参数计算出能够达到的加工质量。例如，通过机器学习技术，可以在设计手册和建模计算工具的基础上，反求加工特征与加工参数的映射关系，产生切实经济的加工工艺，利用 CLUSTER/2 概念聚类系统对加工过程仿真模型产生的训练实例进行无监督学习，自动生成工艺分类的概念描述，为专家系统提供辅助设计人员制订工艺规划的规则知识。

5．生产调度和生产管理

下面分别从生产计划制订、故障检测和部门协调三个方面探讨机器学习技术在生产调度中的应用。

（1）生产计划制订：传统的生产计划制订方式通常是基于经验和规则的，而机器学习技术可以通过对历史数据进行分析和学习，发掘出更合理的生产计划。例如，可以通过对历史订单数据的分析，预测未来几天的订单数量和种类，从而制订出更合理的生产计划。

（2）故障检测：机器学习技术可以通过对设备数据进行分析，提前预测设备故障的发生，并给出解决方案。例如，可以对设备温度、振动等参数进行监测和分析，从而预测出设备即将发生故障的情况。

（3）部门协调：机器学习技术可以通过对各个部门的数据进行整合和分析，实现多个部门之间的协调和沟通，从而提高生产效率和产品质量。

6.6　小结

本章结合世界制造业强国的智能制造发展战略，介绍智能制造系统在新一代工业革命中的重要作用，在阐述智能制造发展趋势、典型制造模式的基础上，详细介绍智能制造系统的主要模型、使能技术、关键装备、组织形式、运行管理，以及智能制造系统的典型应用案例，为提高制造企业的智能化水平提供有益参考。本章提出的方法和技术，既能够为广大企业、科研院所、高等院校进一步深入研究智能制造系统提供理论基础，也可为推动我国制造业的智能化发展和企业应用提供参考，对提升我国制造业的核心竞争力具有重要意义。

第二篇　智能制造技术综合训练项目

第7章　加工仿真与验证项目

7.1　项目目标

（1）熟悉掌握 SurfMill 9.0 软件基础知识与基本操作。

（2）了解加工 2.5 轴小零件的方法和步骤，应能够根据零件特点安排加工工艺，选择并使用单线切割、轮廓切割和区域加工等常用加工方法。

（3）通过熟悉常用加工方法，可自行设计案例并熟悉其他未介绍加工方法的编程，如钻孔、铣螺纹、单线摆槽、区域修边等。

（4）2.5 轴加工方法在日常加工中最常用，需要熟练掌握其使用方法，明确加工方法中各参数的具体含义。

7.2　项目内容

7.2.1　SurfMill 9.0 软件基础操作学习

SurfMill 9.0 软件是北京精雕公司研发的一款基于曲面造型的通用的 CAD/CAM 软件。它具有完善的曲面设计功能，提供丰富的 2.5 轴、3 轴和 5 轴加工策略，提供智能的在机测量技术和虚拟加工技术，为客户提供可靠的加工策略和解决方案，可广泛应用于精密模具、精密电极、光学模具、精密零件等一些高要求的行业。软件界面如图 7.1 所示。

7.2.2　SurfMill 9.0 软件编程实现过程

软件编程实现流程图如图 7.2 所示。

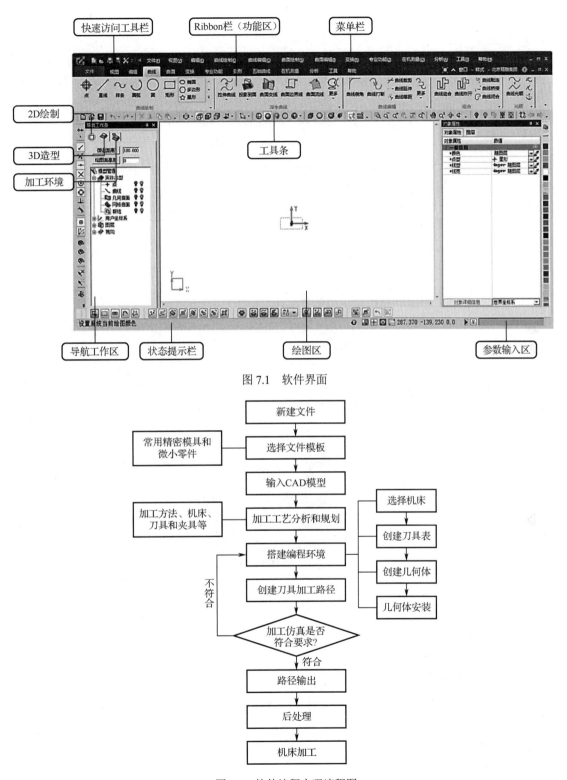

图 7.1　软件界面

图 7.2　软件编程实现流程图

7.2.3 实践操作

1. 工艺分析

如图 7.3 所示，小零件模型以孔、槽、台阶特征为主，结构较为简单，无复杂曲面特征。

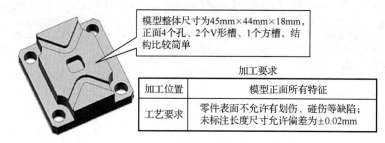

模型整体尺寸为45mm×44mm×18mm，正面4个孔、2个V形槽、1个方槽，结构比较简单

加工要求	
加工位置	模型正面所有特征
工艺要求	零件表面不允许有划伤、碰伤等缺陷；未标注长度尺寸允许偏差为±0.02mm

图 7.3　工艺分析

2. 加工方案

（1）机床设备：根据产品尺寸及加工要求，选择 JDCaver600 3 轴机床。

（2）加工刀具：粗加工快速去料选择 D8 平底刀，对于 V 形槽、中心凹槽和 4 个孔，根据最小圆角 $R2$，使用 $D4$ 平底刀进行加工。

（3）加工方法：该小零件主要采用 2.5 轴单线切割、轮廓切割和区域加工方法完成加工。

（4）装夹方案：利用毛坯螺丝孔吊装，螺丝孔进行粗定位，M5 螺丝锁紧后进行加工。批量生产时可采用零点快换子母夹具，或者一出多专用夹具。加工过程示意图如图 7.4 所示。

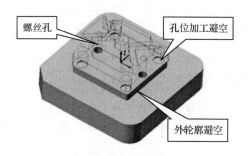

螺丝孔　　孔位加工避空

外轮廓避空

图 7.4　加工过程示意图

3. 加工工艺卡

加工工艺卡如图 7.5 所示。

4. 模型准备

启动 SurfMill 9.0 软件后，打开"2.5 轴小零件加工-new"练习文件。根据加工工艺，创建图 7.6 所示的辅助线：整体轮廓线&偏置整体轮廓线、台阶部位轮廓线、中心方槽&圆孔轮廓线、V 形槽中心线。

序号	工步	加工方法	刀具	主轴转速（r/min）	进给速度（mm/min）	效果图
1	顶面粗	区域加工	[平底刀]JD-8.00	8000	3000	
2	外轮廓粗	轮廓切割	[平底刀]JD-8.00	8000	3000	
3	台阶面粗	区域加工	[平底刀]JD-8.00	8000	3000	
4	中心方槽加工	区域加工	[平底刀]JD-4.00	12000	2000	
5	4孔加工	区域加工	[平底刀]JD-4.00	12000	2000	
6	V形槽加工	单线切割	[平底刀]JD-4.00	12000	2000	

图 7.5　加工工艺卡

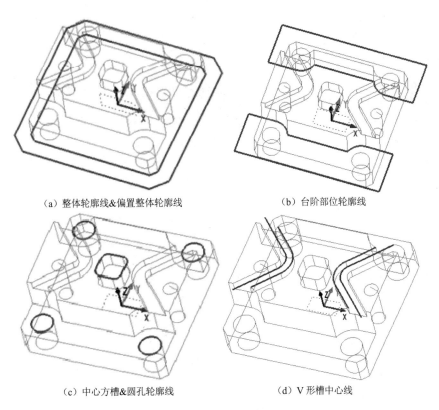

（a）整体轮廓线&偏置整体轮廓线　　　　　（b）台阶部位轮廓线

（c）中心方槽&圆孔轮廓线　　　　　（d）V 形槽中心线

图 7.6　加工路线图

5．机床设置

在加工环境中双击左侧导航栏，选择 3 轴机床"JDCaver600"选项，选择机床输入文件格式为"JD650 NC（As Eng650）"，完成后单击"确定"按钮退出，如图 7.7 所示。

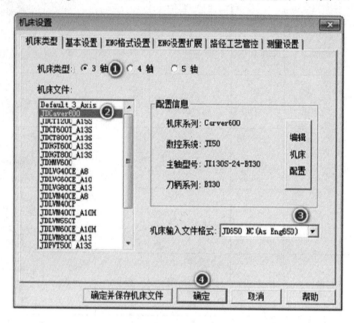

图 7.7　机床设置界面

6．创建刀具表

双击左侧导航栏节点，根据"加工方案中的加工刀具"依次创建 D8 平底铣刀和 D4 平底铣刀。图 7.8 为本次加工使用刀具组成的当前刀具表。

加工阶段	刀具名称	刀柄	输出编号	长度补偿号	半径补偿号	刀具伸出长度	加锁	使用次数
精加工	[平底]JD-8.00	BT30-ER25-060S	1	1	1	44		0
精加工	[平底]JD-4.00	BT30-ER25-060S	2	2	2	22		0

图 7.8　当前刀具表

7．创建几何体

双击左侧导航栏节点，几何体的设置分为三个部分：工件设置、毛坯设置、夹具设置，分别代表工件几何体、毛坯几何体和夹具几何体。在基本设置中，将几何体重命名为"小零件几何体"。如图 7.9 所示，本例创建几何体的过程如下。

（1）工件设置：选择工件图层的曲面作为工件面。

（2）毛坯设置：选用包围盒的方式创建毛坯，选择工件图层曲面，软件自动选择包围盒作为毛坯材料。依据毛坯实际尺寸，可扩展调整包围盒的大小。

（3）夹具设置：选取夹具图层曲面作为夹具面。

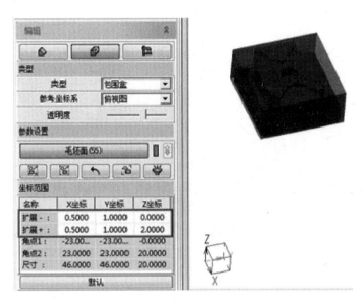

图 7.9 创建几何体

8．几何体安装设置

单击菜单栏中的"几何体安装"按钮，单击"自动摆放"按钮完成几何体快速安装。若自动摆放后安装状态不正确，可以通过软件提供的点对点平移、动态坐标系等其他方式完成几何体安装，如图 7.10 所示。

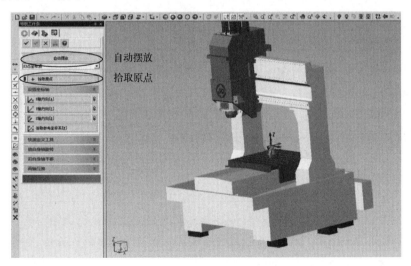

图 7.10 几何体安装

7.3 思考与作业

以捷豹磨具 3 轴加工为例进行工艺分析、加工方案制定、加工工艺卡制定和装夹方案制定。

1．工艺分析

工艺分析如图 7.11 所示。

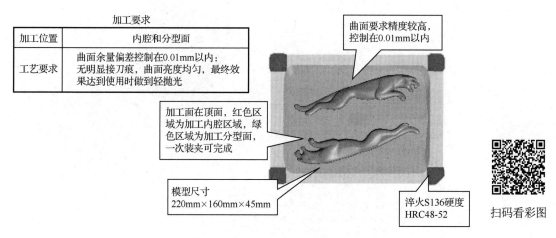

加工要求

加工位置	内腔和分型面
工艺要求	曲面余量偏差控制在0.01mm以内：无明显接刀痕，曲面亮度均匀，最终效果达到使用时做到轻抛光

曲面要求精度较高，控制在0.01mm以内

加工面在顶面，红色区域为加工内腔区域，绿色区域为加工分型面，一次装夹可完成

模型尺寸
220mm×160mm×45mm

淬火S136硬度
HRC48-52

扫码看彩图

图 7.11　工艺分析

2．加工方案

（1）机床设备：产品材质为模具钢，硬度较高，同时加工精度要求高，综合选用 JDHGT 600 全闭环机床进行加工。

（2）加工方法：SurfMill 9.0 软件提供完整的开粗策略，粗加工时选择分层区域粗加工方法即可。

精加工将工件分为内腔、分型面、四周三个部分分别加工。

由于角度分区精加工策略适用于所有加工模型，可以同时加工陡峭面与平坦面，故内腔初步决定使用角度分区将余量降至 0.01mm 进行半精加工，然后使用环绕精加工内腔侧壁，使用平行截线精加工内腔底面。

分型面虽然面多，但较为平坦，故使用平行截线精加工的方式进行精加工。

最后使用成组平面铣削与等高铣削完成四周精加工。

（3）加工刀具：捷豹模具材料为淬火 S136 钢，因此刀具必须选择刚性强、带有涂层的球头刀，利用刀具侧刃/刀尖进行铣削。

3．加工工艺卡

加工工艺卡如图 7.12 所示。

4．装夹方案

采用平面板料做夹具，在夹具上打沉头孔，通过螺丝和毛坯相连，平面板料上加拉钉，拉在双零点快换系统，如图 7.13 所示。

序号	工步		加工方法	刀具	主轴转速 （r/min）	进给速度 （mm/min）	效果图
1	分层开粗		分层区域粗加工	[牛鼻]JD-10-1	4000	2000	
2	D3-R0.25残补		曲面残料补加工	[牛鼻]JD-3-0.25	12000	2000	
3	内腔半精加工		曲面精加工-角度分区	[球头]JD-3.0	15000	2000	
4	内腔精加工	侧壁环绕等距精加工	曲面精加工-环绕等距	[球头]JD-3.0	14000	1000	
		底面精加工	曲面精加工-平行截线				
5	分型面精加工		曲面精加工-平行截线	[球头]JD-4.0	18000	1000	
6	四周精加工	四支柱精加工	曲面精加工-等高外形	[牛鼻]JD-3-0.25	14000	2000	
		分型面四周精加工	成组平面加工		15000	2000	

图 7.12　加工工艺卡

扫码看彩图

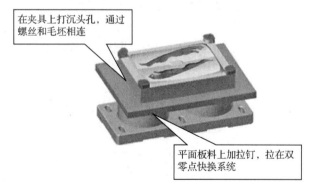

在夹具上打沉头孔，通过螺丝和毛坯相连

平面板料上加拉钉，拉在双零点快换系统

扫码看彩图

图 7.13　装夹方案

第8章 运动控制器认知及应用项目

8.1 项目目标

（1）了解运动控制器的功能、参数及使用方法。

① 认识运动控制器端子的功能；

② 学习单端脉冲方式的位置控制接线方式；

③ 学习差分脉冲控制的接线方式。

（2）认识机电综合创新平台的 3 轴转台系统；掌握 3 轴转台系统的机械安装方法、电气连线及控制；掌握控制系统的组成及控制原理。

（3）掌握激光雕刻的基本原理；学习激光雕刻控制器的使用方法；掌握激光雕刻软件的使用方法。

8.2 项目内容

8.2.1 运动控制器认识实验

ZMC306X 运动控制器支持最多达 12 轴直线插补、任意圆弧插补、任意空间圆弧插补、螺旋插补，电子凸轮、电子齿轮、同步跟随、虚拟轴设置等；采用优化的网络通信协议可以实现实时运动控制。

单个计算机最多支持 256 个 ZMC306X 运动控制器同时连接。

1. 连接配置

如图 8.1 所示，ZMC306X 运动控制器支持以太网、USB、CAN、485 等通信接口，通过 CAN 总线可以连接各个扩展模块，从而扩展输入、输出点数或运动轴（CAN 总线两端需要并接 120Ω 的电阻）。

ZMC306X 运动控制器支持 U 盘保存或读取数据（00x 系列除外）。

2. 安装和编程

ZMC306X 运动控制器通过 ZDevelop 开发环境来调试，如图 8.2 所示，ZDevelop 是一个很方便的编程、编译和调试环境。ZDevelop 可以通过串口、485、USB 或以太网与控制器建立连接。

该程序可以使用 VC、VB、VS、C++Builder、C#等软件来开发。调试时可以把 ZDevelop 软件同时连接到控制器，程序运行时需要动态库 zmotion.dll。

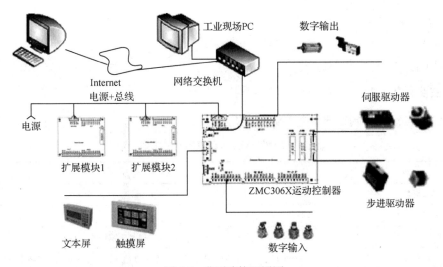

图 8.1　典型连接配置图

图 8.2　ZDevelop 开发环境

3. 产品特点

最多达 12 轴运动控制。

● 脉冲输出模式：方向/脉冲或双脉冲。

● 支持编码器位置测量，可以配置为手轮输入模式。

● 每轴最大输出脉冲频率为 10MHz。

● 通过 CAN 总线，最多可扩展到 512 个隔离输入口或输出口。

● 轴正负限位信号口/原点信号口可以随意配置为任何输入口。

● 输出口最大输出电流可达 300mA，可直接驱动部分电磁阀。

● U 盘接口、RS485 接口、RS422 接口、以太网接口。

● 支持最多达 12 轴直线插补、任意空间圆弧插补、螺旋插补。

● 支持电子凸轮、电子齿轮、位置锁存、同步跟随、虚拟轴设置等功能。

● 支持脉冲闭环，螺距补偿等功能。

- 支持 ZBasic 多文件多任务编程。
- 多种程序加密手段，保护客户的知识产权。
- 掉电检测，掉电存储。

4．主要参数

ZMC306X 运动控制器的主要参数如表 8.1 所示。

表 8.1　ZMC306X 运动控制器的主要参数

参　数	说　明
基本轴数	6
最多扩展轴数	12
基本轴类型	脉冲输出，所有轴都带编码器
内部 IO 数	24 进 12 出（带过流保护），另外每轴有 1 进 1 出（轴内输出只能做使能）
最多扩展 IO 数	512 进 512 出
PWM 数	2
内部 AD/DA 数	2 路 AD，2 路 DA（0～10V）
最多扩展 AD/DA	256 路 AD，128 路 DA
脉冲位数	32
编码器位数	32
速度、加速度位数	32
脉冲最高速率	10MHz
每轴运动缓冲数	128
数组空间	160000
程序空间	2000KB
Flash 空间	128MB
电源输入	24V 直流输入（功耗 10W 内，不用风扇散热）
通信接口	RS232、RS485、RS422、以太网、U 盘、CAN
外形尺寸	205mm×134mm

5．ZMC306X 运动控制器接线

如图 8.3 所示，ZMC306X 运动控制器具有 6 个轴，最多达 12 个虚拟轴。ZMC306X 运动控制器可以通过扩展模块来扩展轴。

ZMC306X 运动控制器板上自带 24 个通用输入口，12 个通用输出口（每轴另带 1 个输入口、1 个输出口），2 个 0～10V AD，2 个 0～10V DA。

ZMC306X 运动控制器带 1 个 RS232 串口、1 个 RS485 接口、1 个 RS422 接口、1 个以太网接口。

ZMC306X 运动控制器带一个 CAN 总线接口，支持通过 ZCAN 协议来连接扩展模块。

ZMC306X 运动控制器带一个 U 盘接口。

6．电源接口

电源接口示意图如图 8.4 所示。电源接口 9pin 引脚定义如表 8.2 所示。

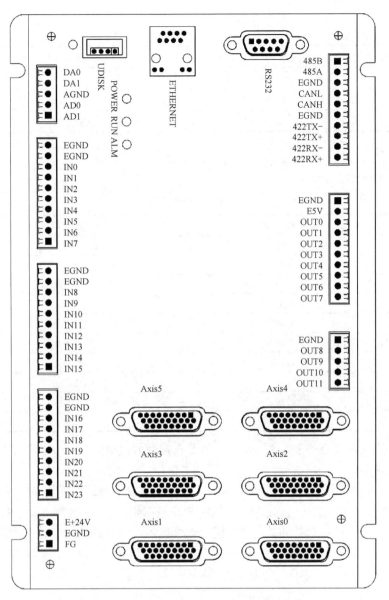

图 8.3　ZMC306X 运动控制器接线

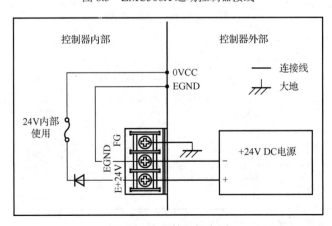

图 8.4　电源接口示意图

表 8.2 电源接口 9pin 引脚定义

引 脚 号	名 称	说 明
1	E+24V	电源 24V 输入
2	EGND	外部电源地
3	FG	安规地/屏蔽层

7. 通信接口

通信接口如表 8.3 所示。

表 8.3 通信接口

引 脚 号	名 称	说 明
1	485B	485-
2	485A	485+
3	EGND	外部电源地
4	CANL	CAN 差分数据+
5	CANH	CAN 差分数据-
6	EGND	外部电源地
7	422TX-	422 发送-
8	422TX+	422 发送+
9	422RX-	422 接收-
10	422RX+	422 接收+

⚠当 CAN 总线上连接多个控制器时，需要在最两边控制器的 CANL 与 CANH 端并联一个 120Ω 的电阻。

⚠ZMC3 系列通信接口采用外部 24V 电源，与其他控制器或触摸屏连接时要留意。

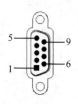

⚠CAN 总线通信双方必须保证对应内部电源地 GND 连上或控制器和扩展模块用同一个电源。ZMC306X 运动控制器和扩展模块用不同电源供电时，控制器外部电源地 EGND 要连接扩展模块电源的 GND，否则可能烧坏 CAN。

8. RS232 接口

图 8.5 为 RS232 接口示意图。

图 8.5 RS232 接口示意图

RS232 接口 9pin 引脚定义如表 8.4 所示。

表 8.4 RS232 接口 9pin 引脚定义

引 脚 号	名 称	说 明
1、4、6、7、8	NC	预留
2	RXD	接收数据引脚
3	TXD	发送数据引脚
5	EGND	外部电源地
9	E5V	电源 5V 输出，可用于对文本屏供电

⚠与计算机连接需要使用双母头的交叉线。

9．通用输入信号

通用输入信号示意图如图 8.6 所示。

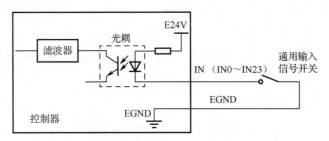

图 8.6　通用输入信号示意图

⚠每轴信号里面另有 1 个通用输入口，见轴接口描述。

10．输入 0～7

输入 0～7 引脚定义如表 8.5 所示。

表 8.5　输入 0～7 引脚定义

引　脚　号	名　　称	说　　明	缺省或建议功能
1	EGND	外部电源地	
2	EGND	外部电源地	
3	IN0	输入 0	锁存 A
4	IN1	输入 1	锁存 B
5	IN2	输入 2	
6	IN3	输入 3	
7	IN4	输入 4	
8	IN5	输入 5	
9	IN6	输入 6	
10	IN7	输入 7	

⚠输入 0 与输入 1 同时具有锁存输入 A 与锁存输入 B 的功能。

11．输入 8～15

输入 8～15 引脚定义如表 8.6 所示。

表 8.6　输入 8～15 引脚定义

引　脚　号	名　　称	说　　明	缺省或建议功能
1	EGND	外部电源地	
2	EGND	外部电源地	
3	IN8	输入 8	
4	IN9	输入 9	
5	IN10	输入 10	
6	IN11	输入 11	
7	IN12	输入 12	

续表

引 脚 号	名　　称	说　　明	缺省或建议功能
8	IN13	输入 13	
9	IN14	输入 14	
10	IN15	输入 15	

12. 输入 16～23

输入 16～23 引脚定义如表 8.7 所示。

表 8.7　输入 16～23 引脚定义

引 脚 号	名　　称	说　　明	缺省或建议功能
1	EGND	外部电源地	
2	EGND	外部电源地	
3	IN16	输入 16	
4	IN17	输入 17	
5	IN18	输入 18	
6	IN19	输入 19	
7	IN20	输入 20	
8	IN21	输入 21	
9	IN22	输入 22	
10	IN23	输入 23	

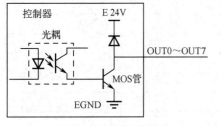

图 8.7　通用输出电路

通用输出电路如图 8.7 所示。

⚠ 每轴信号里面另有 1 个不带电流放大的通用输出口，见轴接口描述。

13. 输出 0～7

输出 0～7 引脚定义如表 8.8 所示。

表 8.8　输出 0～7 引脚定义

引 脚 号	名　　称	说　　明
1	EGND	外部电源地
2	E5V	24V 转换生成的 5V 电源，输出
3	OUT0	输出 0，PWM0
4	OUT1	输出 1，PWM1
5	OUT2	输出 2
6	OUT3	输出 3
7	OUT4	输出 4
8	OUT5	输出 5
9	OUT6	输出 6
10	OUT7	输出 7

14. 输出 8～11

输出 8～11 引脚定义如表 8.9 所示。

表 8.9 输出 8～11 引脚定义

引脚号	名称	说明
1	EGND	外部电源地
2	OUT8	输出 8
3	OUT9	输出 9
4	OUT10	输出 10
5	OUT11	输出 11

15. U 盘接口信号

U 盘接口引脚定义如表 8.10 所示。

表 8.10 U 盘接口引脚定义

引脚号	名称	说明
1	V	内部+5V 电源
2	D–	差分数据 D–
3	D+	差分数据 D+
4	GND	内部电源地

16. 低速差分脉冲口和编码器接线参考

差分连接方式如图 8.8 所示,单端连接方式如图 8.9 所示,编码器连接方式如图 8.10 所示。ZMC306X 运动控制器和松下 A5 伺服驱动器低速差分脉冲口接线参考如图 8.11 所示。

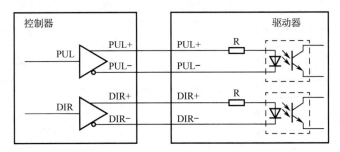

图 8.8 差分连接方式

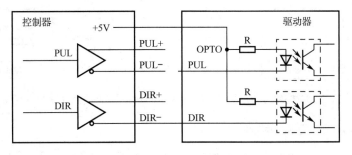

图 8.9 单端连接方式

91

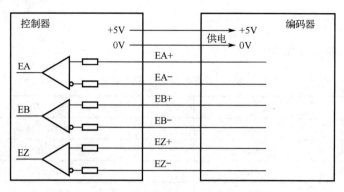

图 8.10　编码器连接方式

注意：如果接了高速差分脉冲口或者编码器，必须把运动
控制器24脚GND和驱动器13.25脚GND连接起来

轴DB26母头接口			松下A5伺服驱动器	
引脚号	信号		引脚号	信号
1	EGND		36	ALM-
2	ALM(IN24～IN26)		37	ALM+
3	S/ON(OUT12～OUT14)		29	S/ON
4	EA-		22	OA-
5	EB-		49	OB-
6	EZ-		24	OZ-
7	+5V			
8	备用			
9	DIR+		5	SIGN
10	GND		41	COM-
11	PUL-		4	/PULS
12	备用			
13	GND			
14	+24V		7	COM+
15	备用			
16	备用			
17	EA+		21	OA+
18	EB+		48	OB+
19	EZ+		23	OZ+
20	GND			
21	GND			
22	DIR-		6	/SIGN
23	PUL+		3	PULS
24	GND		13	GND
25	备用		25	GND
26	备用			
运动控制器DB26母头外壳		屏蔽层接外壳	伺服插头外壳	

图 8.11　ZMC306X 运动控制器和松下 A5 伺服驱动器低速差分脉冲口接线参考

17．高速差分脉冲口和编码器接线参考

当速度满足要求时，优先使用低速差分脉冲口，使用高速差分脉冲接口时务必将运动控制

器内部 24 脚 GND 连接到驱动器高速脉冲口 13.25 脚 GND。高速差分脉冲口连接方式如图 8.12 所示。ZMC306X 运动控制器和松下 A5 伺服驱动器高速差分脉冲口接线参考如图 8.13 所示。

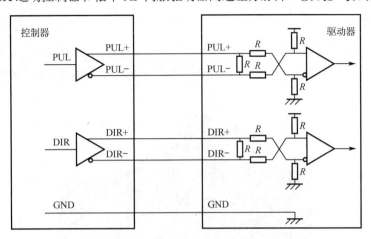

图 8.12　高速差分脉冲口连接方式

注意：如果接了高速差分脉冲口或者编码器，必须把运动控制器24脚GND和驱动器13.25脚GND连接起来

轴DB26母头接口

松下A5伺服驱动器

引脚号	信号		引脚号	信号
1	EGND		36	ALM-
2	ALM(IN24～IN26)		37	ALM+
3	S/ON(OUT12～OUT14)		29	S/ON
4	EA-		22	OA-
5	EB-		49	OB-
6	EZ-		24	OZ-
7	+5V			
8	备用			
9	DIR+		46	SIGN
10	GND		41	COM-
11	PUL-		45	/PULS
12	备用			
13	GND			
14	+24V		7	COM+
15	备用			
16	备用			
17	EA+		21	OA+
18	EB+		48	OB+
19	EZ+		23	OZ+
20	GND			
21	GND			
22	DIR-		17	/SIGN
23	PUL+		44	PULS
24	GND		13	GND
25	备用		25	GND
26	备用			
运动控制器DB26母头外壳		屏蔽层接外壳	伺服插头外壳	

图 8.13　ZMC306X 运动控制器和松下 A5 伺服驱动器高速差分脉冲口接线参考

8.2.2　3 轴转台系统组建及控制实验

1．实验原理

如图 8.14 所示，SCARA（Selective Compliance Assembly Robot Arm，选择顺应性装配机器手臂）机器人系统有 3 个旋转模块。运动控制采用运动控制器+驱动器+电机的位置闭环控制系统。

图 8.14　SCARA 机器人

2．实验前准备

（1）安装运动控制器。

将运动控制器的网线插入控制计算机网口中，打开计算机后系统提示发现联网，分配 IP 地址或者自定义 IP 地址，单击"确定"按钮。

（2）安装 VS 2010 编程软件。

3．实验步骤

（1）根据 SCARA 机器人的装配图，将 1 个直线模块和 3 个旋转模块安装好并固定在拆装平台上；

（2）用连接电缆分别将电机控制端子、编码器反馈端子和限位信号端子与相对应端口连接起来。注意连接端子的接法，设计时考虑了防反接。各个端子的接口不一致，连接时只需注意电缆上的标识；

（3）安装好气动手爪，连接好气管和控制手爪用气缸的电磁阀；

（4）打开电控柜的开关，解除操作盒的急停按钮，按下绿色按钮，给驱动器上电；

（5）打开气泵；

（6）打开控制计算机，打开控制程序，控制模块运动，检查限位信号是否有效；

（7）执行回零操作，给定不同的速度和加减速度观察模块的运动情况；

（8）编写示教程序，使 3 轴转台完成工件抓取的功能。

8.2.3　激光雕刻控制实验

1．实验原理

激光是一种光，与自然界其他发光体一样，是由原子（分子或离子等）跃迁产生的，而且是自发辐射引起的。激光虽然是光，但与普通光明显不同的是，激光仅在最初极短的时间内依赖自发辐射，此后的过程完全由受激辐射决定，因此激光具有非常纯正的颜色和极高的发光强度，几乎无发散的方向性。激光同时具有高相干性、高强度性、高方向性，激光通过激光器产生后由反射镜传递并通过聚集镜照射到加工物品上，加工物品（表面）受到强大的热能而使温度急剧增加，该点因高温而迅速融化或者汽化，配合激光头的运行轨迹从而达到加工的目的。激光加工技术在广告行业的应用主要有激光雕刻、激光切割两种工作方式，每种工作方式在操作流程中有一些相同的地方。

1）激光雕刻

激光雕刻主要在物体的表面进行，分为位图雕刻和矢量雕刻两种。

位图雕刻：先在 Photoshop 里将所需要雕刻的图形进行挂网处理并转化为单色 BMP 格式，而后在专用的激光雕刻切割软件中打开该图形文件。根据所加工的材料进行合适的参数设置，而后单击"运行"按钮，激光雕刻机就会根据图形文件产生的点阵效果进行雕刻。

矢量雕刻：使用矢量软件如 CorelDRAW、AutoCAD、Illustrator 等排版设计，将图形导出为 PLT、DXF、AI 等打标机可以识别的格式，然后再用专用的激光雕刻软件打开该图形文件，传送到激光雕刻机进行加工。

激光雕刻在广告行业主要适用于木板、双色板、有机玻璃、彩色纸等材料的加工。

2）激光切割

激光切割可以理解为边缘的分离。先在 CorelDRAW、AutoCAD 里将图形做成矢量线条的形式，气动打标机，然后存为相应的 PLT、DXF 格式，用激光切割机操作软件打开该文件，根据所加工的材料进行能量和速度等参数的设置再运行。激光切割机在接到计算机的指令后会根据软件产生的飞行路线进行自动切割。现有的激光切割机一般都有自己的硬盘，可输入海量数据源。

（1）激光熔化切割。

在激光熔化切割中，工件被局部熔化后借助气流把熔化的材料喷射出去。因为材料的转移只发生在液态情况下，所以该过程称为激光熔化切割。

激光光束配上高纯惰性切割气体促使熔化的材料离开割缝，而气体本身不参与切割。激光熔化切割可以得到比汽化切割更高的切割速度。汽化所需的能量通常高于把材料熔化所需的能量。在激光熔化切割中，激光光束只被部分吸收。最大切割速度随着激光功率的增加而增加，随着板材厚度的增加和材料熔化温度的增加而几乎反比例地减小。在激光功率一定的情况下，限制因数就是割缝处的气压和材料的热传导率。对于铁制材料和钛金属激光熔化切割可以得到无氧化切口。产生熔化但不到汽化的激光功率密度，对于钢材料来说，激光功率密度在 $10^4 \sim 10^5 \mathrm{W/cm}^2$。

（2）激光火焰切割。

激光火焰切割与激光熔化切割的不同之处在于激光火焰切割使用氧气作为切割气体。借助氧气和加热后的金属之间的相互作用，产生化学反应使材料进一步加热。由于此效应，对于相同厚度的结构钢，采用该方法得到的切割速率比激光熔化的切割速率要高。

另外，该方法和激光熔化切割相比可能切口质量更差。实际上，它会生成更宽的割缝、明显的粗糙度、增加的热影响区和更差的边缘质量。激光火焰切割在加工精密模型和尖角时是不好的（有烧掉尖角的危险）。可以使用脉冲模式的激光来限制热影响，激光的功率决定切割速度。在激光功率一定的情况下，限制因数就是氧气的供应和材料的热传导率。

（3）激光汽化切割。

在激光汽化切割过程中，材料在割缝处发生汽化，此情况下需要非常高的激光功率。

为了防止材料蒸气冷凝到割缝壁上，材料的厚度一定不要大大超过激光光束的直径。该加工因而只适用于必须避免有熔化材料排除的情况。该加工实际上只应用于铁基合金很小的领域。

该加工不能用于一些没有熔化状态且无法进行蒸气再凝结的材料，如木材和某些陶瓷等。另外，这些材料通常要达到更厚的切口。在激光汽化切割中，最优光束聚焦取决于材料厚度和光束质量。激光功率和汽化热对最优焦点位置有一定的影响。在板材厚度一定的情况下，最大切割速度反比于材料的汽化温度。所需的激光功率密度要大于 $10^8 W/cm^2$，并且取决于材料、切割深度和光束焦点位置。在板材厚度一定的情况下，假设有足够的激光功率，最大切割速度受到气体射流速度的限制。

2．运动控制器

运动控制器如图 8.15 所示。实验结果如图 8.16 所示。

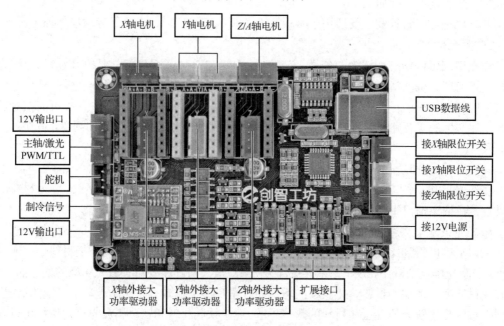

图 8.15　运动控制器

图 8.16　实验结果

3．实验前准备

（1）安装微雕大师控制软件。

（2）安装 VS 2010 编程软件。

4．实验步骤

（1）搭建 *XY* 直角坐标的激光雕刻机结构；

（2）按图 8.15 连接好电缆，上电；

（3）打开激光雕刻控制软件；

（4）选择图片进行加载，设置参数，进行激光雕刻加工；

（5）选择文字，设置雕刻参数，进行激光雕刻加工；

（6）选择加载 G 代码，进行激光雕刻加工。

8.3　思考与作业

（1）阐述运动控制器的功能和主要参数。正确使用运动控制器。

（2）阐述 3 轴转台系统的组成。对其进行正确的机械安装、电气连接及控制，阐述其控制原理。

（3）阐述激光雕刻的基本原理，使用激光雕刻技术进行加工。

第9章　柔性产线仿真项目

建设自动化产线是提升车间能力的重要手段之一，自动化产线不仅是一些加工中心、机器人及测量设备的简单集成，而且需要通过自动化与信息化的深度结合、合理利用，从而使整个自动化产线真正实现自动化、柔性化乃至智能化。

本训练依托 FMS（File Management System）虚拟仿真系统，完成产线流程仿真。

9.1　项目目标

（1）巩固和扩充课堂讲授的理论知识；

（2）了解 FMS 虚拟仿真系统的组成，并通过 FMS 虚拟仿真系统观察各个设备在智能制造产线中的作用与变化；

（3）学习并分析产线轴料、盘料、方料流程中设备的运行、物料的加工工艺。

9.2　项目内容

9.2.1　FMS 虚拟仿真系统概述

FMS 虚拟仿真系统是由昆山巨林科教实业有限公司研制的智能制造产线，是在 Unity 平台上按照实际真实的系统、开发的一套柔性制造虚拟生产加工仿真系统。

该系统包括总控台、机器人、激光内雕机、激光打标机、光学影像测量仪、机器人装配站、焊接机器人、数控车床、加工中心等设备。

用户可借助视觉、听觉及触觉等多种互动方式与 FMS 虚拟仿真系统自然交互，用户可直接参与并了解各个设备在智能制造产线中的作用与变化，了解整个生产过程,并能产生沉浸感。

9.2.2　柔性产线概述

自动化产线（生产单元）的柔性制造能力的核心概念就是使用同一条产线，对工艺具备一定相似性、尺寸在一定范围内的不同产品进行制造加工及装配的能力。柔性生产是通过利用各种设备本身的兼容性，以及根据产品更换工装的方式，对多类产品进行柔性制造的生产模式。对于军工、航空航天等特殊行业，其产品基本都具有小批量、多种类的特性，而由于这种生产特性，加工任务生成以后如何快速响应到产线、产线如何快速换产、生产过程状态如何实时监控及生成的数据如何正向反作用于产线本身等相关技术成为目前柔性产线建设的核心问题。

9.2.3　柔性产线仿真

利用 FMS 虚拟仿真系统，学生能够根据教师下达的任务，从零件库中调取零件，通过仓储单元、运输单元、加工单元、检测单元、装配单元，进行零件仿真加工、检测与装配。

学生在 FMS 虚拟仿真系统中，按照任务的要求，经过反复实验操作，可以了解并掌握各个单元的工作原理与使用方法，例如：

（1）零件在自动化立体仓库中由堆垛机与出入库平台进行运输，可以在仓储单元学习到如何操作自动化立体仓库进行零件的出入库、移库等；

（2）零件经有轨 RGV 小车与行走机器人进行运输，可以在运输单元学习到如何操作运输单元进行零件的 RGV 运料、机器人搬运等；

（3）零件进入加工单元进行加工制造，可以在加工单元学习到各个加工设备的配套工装、夹具、刀具操作；

（4）零件进入检测单元进行相关的形位公差检测，可以在检测单元学习到如何操作检测装置、如何判断零件是否合格；

（5）零件进入装配单元进行装配，可以在装配单元学习到零件的装配。

1．柔性制造产线方料流程练习

第一步：登录完毕后，在场景中单击任务 NPC，领取任务，为产线仿真做好开机准备。任务领取界面如图 9.1 所示。

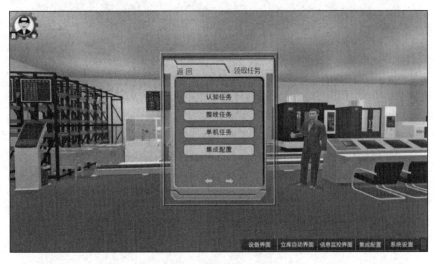

图 9.1　任务领取界面

第二步：观看 FMS 虚拟仿真系统柔性制造产线视频，了解零件工艺流程，明确后续的实验步骤。如图 9.2 所示，领取方料任务后，进行系统判断后开始执行方料流程，用户可以行走观看方料零件流程。学习并分析设备的运行流程、物料的加工工艺。

第三步：开启总控台及各个站点设备。

打开总控台控制界面，如图 9.3 所示。

总控台控制面板如图 9.4 所示，按照以下步骤进行总控台开机。

（1）按下【急停】按钮，启动总控台，解除总控台报警状态。

（2）将【单机/联机】旋钮打到联机状态。

（3）左侧第三区域所有站点全部上电完毕。

（4）按下【总启动】按钮，进行总控台开机。

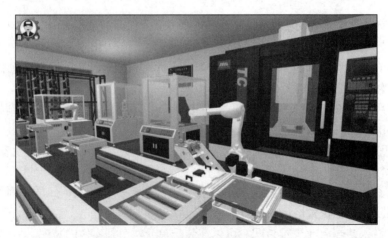

图 9.2　制造产线示意图

图 9.3　打开总控台控制界面

图 9.4　总控台控制面板

扫码看彩图

第四步：仓储单元原料出库。

打开自动化立体仓库界面，在原料的零件所在库位单击【出料】按钮，如图 9.5 所示。

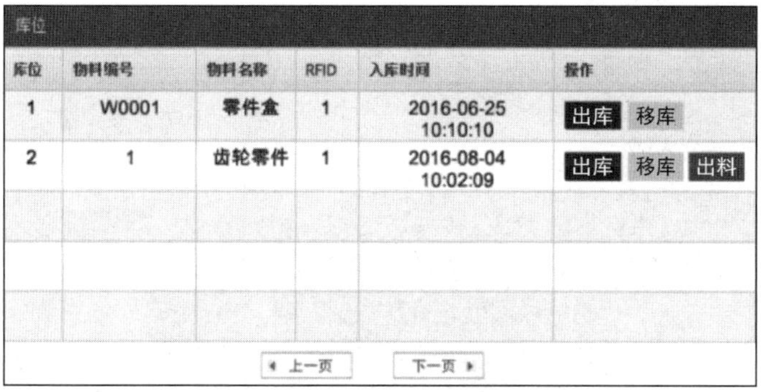

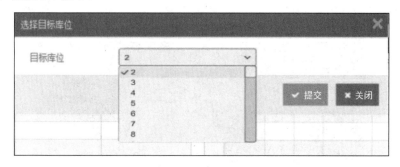

图 9.5　立体仓库自动界面

打开选择目标库位界面，选择出料平台，单击【提交】按钮，发布原料出库命令进行原料出库操作，如图 9.6 所示。

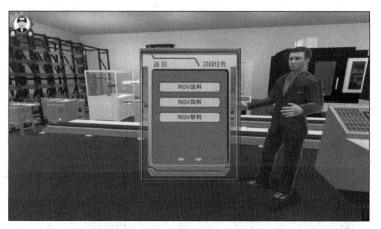

图 9.6　选择目标库位界面

第五步：运输单元有轨 RGV 接料，运输单元有轨 RGV 任务领取界面如图 9.7 所示。

图 9.7　运输单元有轨 RGV 任务领取界面

打开设备界面的 RGV 小车控制界面，启动 RGV 小车，如图 9.8 所示。确定小车正确到位到有料的平台后，按下【手动滚筒-】按钮，使小车搬运工装板，工装板到极限位，下方出现提示语句后，方可移动 RGV 小车，按下【手动 X 轴-】与【手动 X 轴+】按钮，将小车移动至目标工位台。按下【手动滚筒+】按钮，将工装板输送至目标工位台。

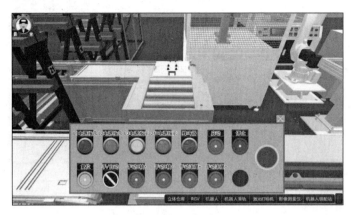

图 9.8　RGV 小车控制界面

第六步：有轨 RGV 送料。

RGV 每次准确到达一个站点，就会在该站点等 3s，下方即出现提示性文字，如图 9.9 所示。

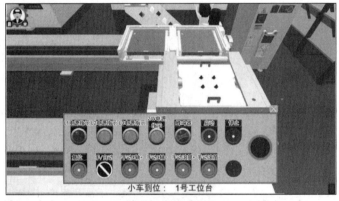

图 9.9　RGV 到站提示

第七步：行走机器人将原料搬运至加工单元。

领取机器人滑轨任务，如图 9.10 所示。打开设备界面的机器人滑轨界面，解除机器人滑轨报警，将【手/自动】旋钮旋转至手动状态，按下【启动】按钮，按下机器人滑轨控制界面的【手动左移】按钮和【手动右移】按钮，操作机器人移动至目标工位，如图 9.11 所示。

图 9.10　机器人滑轨任务领取界面

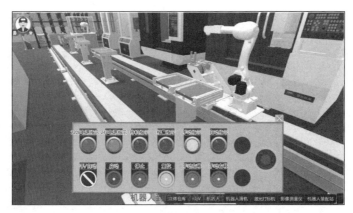

图 9.11　机器人滑轨控制界面

第八步：通过加工单元进行加工。

加工示意图如图 9.12 所示。

图 9.12　加工示意图

第九步：运输单元将半成品运送至检测单元，进行零件检测。

领取影像测量仪方料检测任务，如图 9.13 所示。打开设备界面的影像测量仪界面。选择手动模式，点击影像测量仪触摸屏或单击【切换】按钮打开影像测量仪触摸屏界面；单击【放料完成】按钮，影像测量仪开机进行测量，测量完成后单击【取料完成】按钮，完成零件检测，其界面如图 9.14 所示。

图 9.13　检测任务领取界面

图 9.14　完成检测界面

第十步：运输单元将半成品运送至装配单元后进行装配零件。

领取机器人装配站方料装配任务，如图 9.15 所示。打开设备界面的机器人装配站界面，单击【手动放料】按钮，点击机器人装配站触摸屏或单击【切换】按钮，打开机器人装配站触摸屏界面；单击【启动】按钮，机器人装配站自动开始装配，如图 9.16 所示。

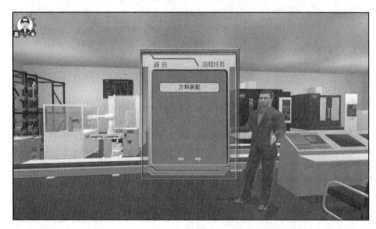

图 9.15　装配任务领取界面

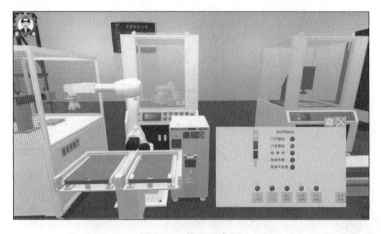

图 9.16　装配示意图

第十一步：运输单元运送至仓储单元，立体仓库成品回库。

打开自动化立体仓库界面，在成品回库命令发布栏，可通过下拉菜单选择物料编号、物料名称、出库位和入库位，在入库位下拉列表中选择相应的入库位，单击【成品】按钮，发布成品回库命令，进行成品回库，如图 9.17 所示。

图 9.17　成品回库界面

在完成各设备开机准备之后，领取整线任务，通过产线实操，学习并分析设备运行流程与物料加工工艺。

2. 柔性制造产线轴料流程练习

如图 9.18 所示，领取轴料任务后，进行系统判断后开始执行轴料流程，用户可以行走观看轴料零件流程，学习并分析设备的运行流程、物料的加工工艺，然后参考方料操作流程，尝试进行轴料流程仿真练习。

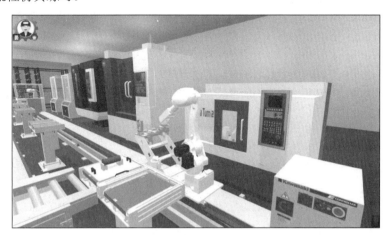

图 9.18　轴料流程

3. 柔性制造产线盘料流程练习

如图 9.19 所示，领取盘料任务后，进行系统判断后开始执行盘料流程，用户可以行走观看盘料流程，学习并分析设备的运行流程、物料的加工工艺，然后参考方料操作流程，尝试进行盘料流程仿真练习。

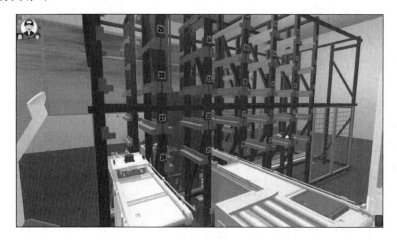

图 9.19　盘料流程

9.3　思考与作业

（1）阐述各个设备在柔性制造产线中的作用。

（2）掌握 FMS 虚拟仿真系统中柔性制造产线各个设备控制面板的使用方法。

（3）掌握产线生产流程，分析产线在不同流程中加工流程与物料的加工工艺。

（4）思考在仿真系统中如何能够通过更改产线生产流程从而提高产线生产效率并尝试改进。

第10章 智能运维测试项目

自动化运维是指将信息技术（IT）运维中日常大量的重复性工作自动化，把过去的手工执行转为自动化操作从而提高工作效率，降低操作风险的一个工具或者平台。

目前，国内运维界在自动化方面已经达到一定的水平，但就现阶段而言，自动化和监控两部分还是有一定距离的。例如，你拿到了监控类的报警，可能不清楚立马去做哪一项自动化的部署。如果能把自动化和监控这两部分有机结合起来，再通过机器学习算法实现故障自动定位和告警，运维的工作会运转得更加顺利，这也就是所谓的智能运维。智能运维的理想状态就是把运维工作的三大部分：监控、管理和故障定位，利用一些机器学习算法把它们有机结合起来。

智能运维最早由 Gartner 提出，其在 2016 年时便提出了 AIOps 的概念，AIOps 即人工智能与运维的结合。简单来说，AIOps 就是基于已有的运维数据（日志、监控信息、应用信息等）并通过机器学习的方式来进一步解决自动化运维没办法解决的问题。软件的一些"算法逻辑"不是真正的 AIOps，判断是否是真正 AIOps 的关键点在于：是否能自动从数据学习中总结规律，并利用规律对当前的环境给予决策建议。

在大数据时代，智能运维是基于大数据之上的。目前看来，运维要把监控、管理和故障定位三部分有机结合起来，就不可避免地需要用到智能算法，而体现智能算法价值的一点就是智能算法需要大量的数据做支撑。因此，智能运维的核心是机器学习和大数据平台。

10.1 项目目标

（1）巩固和扩充课堂讲授的理论知识；
（2）了解智能运维技术在制造业中的应用和优势；
（3）依据实际生产过程构建对应的智能运维平台。

10.2 项目内容

10.2.1 智能运维的目标

智能运维，通俗地讲，是对规则的 AI 化，即将人工总结运维规则的过程变为自动学习的过程。具体而言，其是对平时运维工作中长时间积累形成的自动化运维和监控等能力及其规则配置部分，进行自学习的"去规则化"改造。最终达到终极目标："有 AI 调度中枢管理的，质量、成本、效率三者兼顾的无人值守运维，力争所运营系统的综合收益最大化。"智能运维的目标是，利用大数据、机器学习和其他分析技术，通过预防预测、个性化和动态分析，直接和间接增强 IT 业务的相关技术能力，实现所维护产品或服务的更高质量、合理成本及高效支撑。

10.2.2　智能运维的能力框架

智能运维的建设可以先由无到局部单点探索，再到单点能力完善，形成解决某个局部问题的运维 AI"学件"，再由多个具有 AI 能力的单运维能力点组合成一个智能运维流程。

智能运维能力框架基于 AIOps 能力进行分级。智能运维能力分级可具体描述为 5 级（见图 10.1）。

（1）开始尝试应用 AI 能力，还无较成熟的单点应用；

（2）具备单场景的 AI 运维能力，可以初步形成供内部使用的学件；

（3）由多个单场景 AI 运维模块串联起来的流程化 AI 运维能力，可以对外提供可靠的运维 AI 学件；

（4）主要运维场景已实现流程化免预 AI 运维能力，可以对外提供可靠的智能运维服务；

（5）有核心中枢 AI，可以在成本、质量、效率间从容调整，达到在业务不同生命周期对三个方面不同的指标要求，可实现多目标下的最优或按需最优。

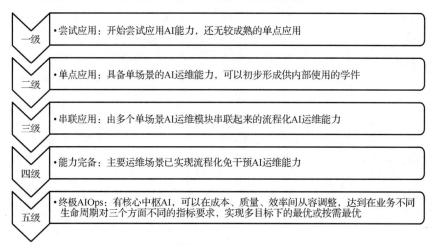

图 10.1　智能运维的 5 个能力分级

10.2.3　智能运维平台能力体系

智能运维平台能力体系的主要功能是为智能运维实际场景的建设落地而提供功能的工具或者产品平台，其主要目的是降低智能运维的开发人员成本，提高开发效率，规范工作交付质量。智能运维平台的功能与一般的机器学习（或者数据挖掘）平台的功能极为类似（见图 10.2），此类国外的产品有谷歌（Google）的 AutoML。

10.2.4　智能运维常见应用场景

智能运维围绕质量保障、成本管理和效率提升的基本运维场景，逐步构建智能化运维场景。其在质量保障方面，保障现网稳定运行，细分为异常检测、故障诊断、故障预测、故障自愈等基本场景；在成本管理方面，细分为指标监控、异常检测、资源优化、容量规划、性能优化等基本场景；在效率方面，分为智能预测、智能变更、智能问答、智能决策等基本场景（注：三者之间不是完全独立的，是相互影响的，场景的划分侧重于主影响维度）。

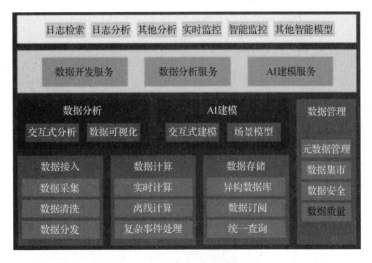

图 10.2　智能运维平台的功能

　　无论是效率提升、质量监控，还是成本优化，都离不开最基础的数据采集，它是整个智能运维的基石。AIOps 提高运维生产力的一种方式就是把质量处理流程中的人力部分尽可能地替换成机器。在机器的分析过程中，系统运行过程中的每个部件都需要数据支持。无论是海量数据采集，还是数据提取方面都离不开大数据技术。

10.3　智能运维关键技术实例

10.3.1　基于 VALENIAN PT500 实验振动平台的数据采集

　　VALENIAN PT500 实验振动平台如图 10.3 所示。该平台（从右往左）主要由磁粉制动器、轴承、齿轮箱、驱动电机、变频器等组成。通过改变负载和转速来实现多工况复现，同时可以通过更换不同的故障轴承单元实现多故障测试。故障类型有内圈故障（IF）、外圈故障（OF）及滚动体故障（BF）。其数据集故障类型与编号如表 10.1 所示。

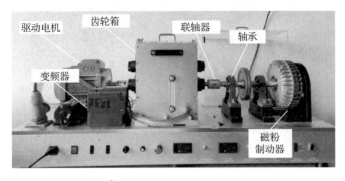

图 10.3　VALENIAN PT500 实验振动平台

表 10.1　VALENIAN PT500 数据集故障类型与编号

故障类型	Normal	IF	BF	OF
编号	0	1	2	3

相关硬件有以下几个。

1. 加速度传感器

加速度传感器是一种能够测量物体加速度的传感器，如图 10.4 所示，在运动过程中，通过测量质量的惯性力和牛顿第二定律得到加速度。根据传感器敏感元件的不同，常见的加速度传感器有电容式传感器、电感式传感器、应变式传感器等。

图 10.4　加速度传感器

2. 噪声传感器

噪声传感器是一种能够检测噪声信号的电子设备，如图 10.5 所示，通常应用于环境噪声监测、工业生产环境噪声控制等领域。它能够将声波转换成电信号，并进行信号放大、处理和分析，从而获取噪声信号的参数信息。

噪声传感器的工作原理基于压电效应。当噪声波通过传感器时，传感器内的压电晶体会振动，产生微小电荷或电压。这个电信号经过放大、滤波和特定的运算处理后，最终输出噪声信号的参数信息。

图 10.5　噪声传感器

3. 信号采集模块

数据采集也称数据获取，是指通过设备，从系统外部采集数据，输入到系统内部。数据采集技术在各个领域得到广泛应用。数据采集是指模拟和数字被测设备,如传感器和其他待测设备自动采集信息的过程。数据采集模块是一种以计算机为核心的测量软硬件产品,以实现可用户定制的测量系统,如图 10.6 所示。

在工业现场,经常会安装多种传感器,如压力、流量、电流参数、温度、声音传感器等。另外,由于现场环境的限制,许多传感器信号,如压力传感器输出的电压或电流信号不能远传,或者在复杂的传感器布线情况下,采用分布式或远程的信号数据采集模块,在现场将信号高精度地转换成数字量,然后通过 485、232、以太网等各种通信技术,将数据传输到计算机或其他控制器进行处理。

模拟量信号采集模块是将模拟量信号远距离采集到计算机上,将 RS-485 总线作为数据通信线路,提供量转 485 功能的模拟量信号输入模块,并能通过 RS-485 总线向计算机传输信号。

图 10.6　A/D 转换器及 Dewesoft 信号监测软件

10.3.2　基于深度学习的故障诊断

对之前采集的故障数据,应用深度学习算法,如卷积神经网络、深度置信网络及 Transfomer 算法等进行故障识别,并绘制相应的正确率柱状图和混淆矩阵,比较数据量和网络层数对正确率的影响。下面是以卷积神经网络为例的整体流程。

(1)查找 CNN 代码示例并根据数据类型做出相应的修改,代码如下所示。

```
import torch
from torchvision import transforms
from torchvision import datasets
from torch.utils.data import  DataLoader
import torch.nn.functional as F #使用 functional 中的 ReLu 激活函数
import torch.optim as optim
#数据的准备
Batch_size = 64
#神经网络希望输入的数值较小,最好在 0~1。所以需要先将原始图像(0~255 的灰度值)转化
为图像张量(值为 0~1)
    #仅有灰度值->单通道,RGB->  三通道,读入的图像张量一般为 W1*H*C(宽、高、通道数),
在 pytorch 中要转化为 C*W*H
    Transform = transforms.Compose([
        #将数据转化为图像张量
        transforms.ToTensor(),
        #进行归一化处理,切换到 0~1 分布    (均值,标准差)
```

```
        transforms.Normalize((0.1307, ), (0.3081,))
    ])
train_dataset = datasets.MNIST(root=' ../dataset/mnist/ ',
                                train=True,
                                download=True,
transform=transform
)
train_loader = DataLoader(train_dataset,
shuffle=True,
batch_size=batch_size
)
test_dataset = datasets.MNIST(root=' ../dataset/mnist/ ',
                                train=False,
                                download=True,
                                transform=transform
)
test_loader = DataLoader(test_dataset,
shuffle=False,
batch_size=batch_size
)
#CNN 模型
class Net(torch.nn .Module):
def __init__(self):
super (Net, self),__init__()
#两个卷积层
self.conv1 = torch.nn.Conv2d(1, 10,kernel_size=5) #1 为 in_channels 10 为
out_channels
self.conv2 = torch.nn.Conv2d(10, 20, kernel_size=5)
#池化层
self.pooling = torch.nn . MaxPool2d(2)  #2 为分组大小 2*2
#全连接层 320=20 *4*4
self.fc = torch.nn.Linear(320, 10)
def forward(self, x):
#先从 x 数据维度中得到 batch_size
batch_size = x.size(0)
#卷积层->池化层->激活函数
x = F.relu(self.pooling(self.conv1(x)))
x= F.relu(self.pooling(self.conv2(x)))
x= x.view(batch_size, -1)#将数据展开,为输入全连接层做准备
x = self.fc(x)
return x
model = Net
```

（2）根据正确率绘制相应的混淆矩阵，如图 10.7 所示。

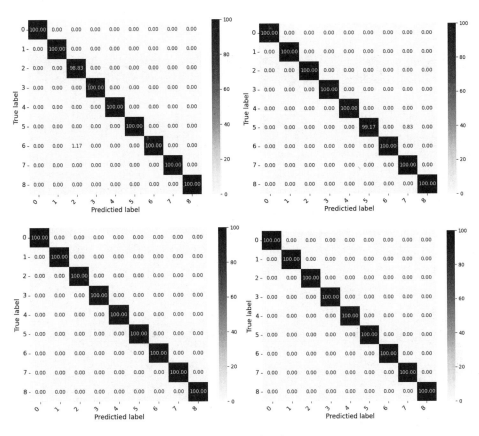

图 10.7　混淆矩阵

（3）比对训练数据量不同所产生的影响，并绘制柱状图，如图 10.8 所示。

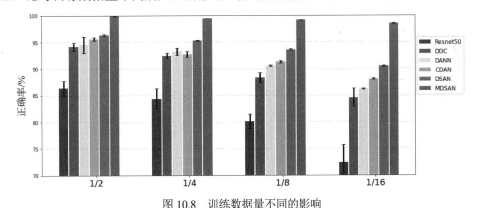

图 10.8　训练数据量不同的影响

10.4　思考与作业

（1）了解智能运维的目标、能力框架与应用场景。

（2）掌握基于 VALENIAN-PT500 实验振动平台的数据采集方法，认识不同传感器在其中的作用。

（3）掌握基于深度学习的故障诊断方法，学习卷积神经网络的整体流程。

第11章　数字孪生产线搭建及应用项目

数字孪生是指以数字化方式创建物理实体的虚拟模型，借助数据模拟物理实体在现实环境中的行为，通过虚实交互反馈、数据融合分析、决策迭代优化等手段，为物理实体增加或扩展新的功能。作为一种充分利用模型、数据、智能并集成多学科的技术，数字孪生面向产品全生命周期过程，发挥连接物理世界和信息世界的桥梁和纽带作用，提供更加实时、高效、智能的服务。

数字孪生技术包含以下几个主要方面：数字化建模、实时数据采集与传感器、数据集成与分析、仿真与优化、实时监控与反馈。数字孪生技术在制造业、能源系统、城市规划、交通运输等领域都有广泛应用。它不仅可以帮助优化生产过程、提高资源利用效率、降低成本、改进产品设计和预测维护需求等，还可以支持决策制定、风险评估和应急响应等方面的工作。

11.1　项目目标

（1）巩固和扩充课堂讲授的理论知识；
（2）了解数字孪生技术在制造业中的应用和优势；
（3）掌握 SolidWorks、Substance Painter 等软件的使用方法；
（4）基于物理产线建立数字孪生产线。

11.2　项目内容

11.2.1　基本概念介绍

1. 数字孪生的应用准则

（1）信息物理融合是基石。物理要素的智能感知与互联、虚拟模型的构建、孪生数据的融合、连接交互的实现、应用服务的生成等，都离不开信息物理融合。同时，信息物理融合贯穿产品全生命周期各个阶段，是每个应用实现的根本。因此，没有信息物理融合，数字孪生的落地应用就是空中楼阁。

（2）多维虚拟模型是引擎。多维虚拟模型是实现产品设计、生产制造、故障预测、健康管理等各种功能最核心的组件，在数据驱动下多维虚拟模型将应用功能从理论变为现实，是数字孪生应用的"心脏"。因此，没有多维虚拟模型，数字孪生应用就没有了核心。

（3）孪生数据是驱动。孪生数据是数字孪生最核心的要素，它源于物理实体、虚拟模型、服务系统，同时在融合处理后又融入各部分中，推动了各部分的运转，是数字孪生应用的"血液"。因此，没有多元融合数据，数字孪生应用就失去了动力源泉。

（4）动态实时交互连接是动脉。动态实时交互连接将物理实体、虚拟模型、服务系统连接为一个有机整体，使信息与数据得以在各部分间交换传递，是数字孪生应用的"血管"。因此，没有了各组成部分之间的交互连接，如同人体割断动脉，数字孪生应用也就失去了活力。

（5）服务应用是目的。服务将数字孪生应用生成的智能应用、精准管理和可靠运维等功能以最便捷的形式提供给用户，同时给予用户最直观的交互，是数字孪生应用的"五感"。因此，没有服务应用，数字孪生应用的实现就是无的放矢。

（6）全要素物理实体是载体。无论是全要素物理资源的交互融合，还是多维虚拟模型的仿真计算，亦或是数据分析处理，都建立在全要素物理实体之上，同时物理实体带动各个部分的运转，令数字孪生得以实现，是数字孪生应用的"骨骼"。因此，没有了物理实体，数字孪生应用就成了无本之木。

2. 智能制造产线

随着科技的不断发展，智能制造逐渐成为制造业的新趋势。智能制造产线是智能制造的重要组成部分，它通过智能设备和互联网技术实现了生产过程的自动化和数字化。智能制造产线的基本构成要素包括以下几个方面。

（1）智能设备：智能制造产线采用了一系列智能设备，如机器人、传感器、自动化控制系统等。这些设备具有自主感知、自主决策和自主执行的能力，能够实现高效、灵活的生产操作。

（2）互联网技术：智能制造产线利用互联网技术实现了设备之间的信息交互和数据共享。通过物联网技术，各种智能设备能够实时采集和传输生产过程中的各种数据，实现设备之间的协同工作和智能决策。

（3）数据采集与分析系统：智能制造产线利用数据采集与分析系统对生产过程中的各种数据进行采集、存储和分析。通过对大量数据的分析，可以实现生产过程的优化和调整，提高生产效率和产品质量。

（4）车间调度系统：智能制造产线通过车间调度系统实现对生产过程的调度和控制。车间调度系统可以根据订单需求和设备状态等信息，自动调整生产任务的优先级和分配，实现生产过程的灵活性和高效性。

（5）运输和物流系统：智能制造产线涉及物料的运输和物流过程。智能运输和物流系统可以通过自动化设备和智能控制技术，实现物料的自动化搬运和仓储管理，提高物流效率和准确性。

（6）质量检测和控制系统：智能制造产线配备了质量检测和控制系统，用于对产品的质量进行监测和控制。质量检测和控制系统可以实时采集产品的各项指标数据，并通过智能算法进行分析和判断，及时发现和纠正生产过程中的质量问题。

（7）人机交互界面：智能制造产线为操作人员提供了友好的人机交互界面，使其能够方便地进行操作和监控。人机交互界面通过图形化显示和智能控制，使操作人员能够直观地了解生产过程的状态和异常情况，并进行相应的操作和干预。

（8）安全保障系统：智能制造产线需要配备安全保障系统，确保生产过程的安全性和可靠性。安全保障系统包括安全监控设备、安全防护措施和安全管理制度等，可以对生产过程中的安全隐患进行监测和预警，并采取相应的措施进行处理。

（9）数据安全和隐私保护：智能制造产线在数据采集和共享过程中需要注意数据安全和

隐私保护。通过加密技术和权限控制等手段，可以确保数据的安全性和隐私性，防止数据泄露和滥用。

（10）持续改进和优化：智能制造产线需要不断改进和优化，以适应市场需求和技术变革。通过数据分析和智能算法，可以发现生产过程中的瓶颈和问题，并进行相应的改进和优化，提高生产效率和产品质量。

3. 多领域、多尺度融合建模

多领域融合建模是指在正常和非正常工况下从不同领域视角对物理系统进行跨领域融合建模，且从最初的概念设计阶段开始实施，从深层次的机理层面进行融合设计理解和建模。当前大部分建模方法是在特定领域进行模型开发和熟化，然后在后期采用集成和数据融合的方法将来自不同领域的独立的模型融合为一个综合的系统级模型，但这种融合方法融合深度不够且缺乏合理解释，限制了对来自不同领域的模型进行深度融合的能力。多领域融合建模的难点是多种特性的融合会导致系统方程具有很大的自由度，同时传感器采集的数据要求与实际系统数据高度一致，以确保基于高精度传感测量的模型动态更新。

多尺度融合建模能够连接不同时间尺度的物理过程以模拟众多的科学问题，多尺度模型可以代表不同时间长度和尺度下的基本过程并通过均匀调节物理参数连接不同模型，这些计算模型相比忽略多尺度划分的单维尺度仿真模型具有更高的精度。多尺度建模的难点同时体现在长度、时间尺度及耦合范围三个方面，解决这些难题有助于建立更加精准的数字孪生系统。

11.2.2 项目介绍

以数字孪生产线创建为例对数字孪生技术应用进行阐述。在产线上安装的传感器和仪器，可以实时监测和采集各种参数和指标，例如，温度传感器、压力传感器、速度传感器等可以用来监测设备状态和工艺参数；产线上的 PLC（可编程逻辑控制器）可以实时采集和记录生产过程中的数据。这些系统通常与设备和传感器连接，可以获取设备状态、生产数据和报警信息。

1. 传感器模块介绍

传感器模块是一个专门用于传感器与直流电机、步进电机认知的工作站，它主要由传感器、直流电机与步进电机、电气控制系统三部分组成，可实现对传感器与电机的认知功能。传感器模块采用铝型材框架结构，在铝合金工作台面上安装传感器与电机，如图 11.1 所示。

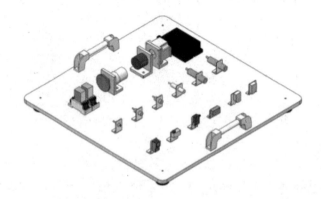

图 11.1 传感器执行机构

2．主要元器件介绍

1）S7-1200 PLC

采用 S7-1200 PLC 作为系统的主要控制器，如图 11.2 所示，控制器均采用 PROFINET 工业以太网进行通信，使用的主机为 CPU-1214 系列控制主机。该控制器为西门子公司主推的中小型工业控制器，现已广泛应用于工业控制的各个领域。CPU 1214C、紧凑型 PLC 控制器带 1 个 PROFINET 通信端口，集成输入/输出：14 路直流输入，10 路输出，2 模拟量输入 0～10VDC 或 0～20MA。工作单元由一台 PLC 承担控制任务，多台实训装置可进行组合实现小型网络化的控制。

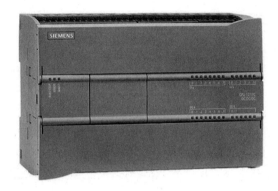

图 11.2　S7-1200 PLC

2）电感式接近开关

电感式接近开关属于一种有开关量输出的位置传感器，如图 11.3 所示，它由 LC 高频振荡器和放大处理电路组成，利用金属物体在接近这个能产生电磁场的振荡感应头时，使物体内部产生涡流。这个涡流反作用于电感式接近开关，使电感式接近开关振荡能力衰减，内部电路的参数发生变化，由此识别出有无金属物体接近，进而控制开关的通或断。这种电感式接近开关所能检测的物体必须是金属物体。

在实训装置中用到的电感式接近开关呈长方形，探测头能检测的距离约为 5mm，当检测到有金属物体时指示灯亮起。

3）电容式传感器

电容式传感器的感应面由两个同轴布置的金属电极组成，这两个电极相当于一个非线绕电容器的电极，如图 11.4 所示。电极的表面 *a* 和 *b* 连接到一个高频振荡器的反馈支路中，对该振荡器的调节要使得它在表面自由时不发生振荡。

图 11.3　电感式接近开关　　　　　　图 11.4　电容式传感器

当物体接近传感器的有效表面时，就进入了电极表面前面的电场，并引起耦合电容发生改变。振荡器开始发生振荡，振荡幅度由一个评价电路记录下来并被转换为一个开关命令。电容式传感器能检测金属物体，也能检测非金属物体。对于金属物体，可以获得最大的动作距离，对于非金属物体，动作距离取决于材料的介电常数，材料的介电常数越大，可获得的动作距离越大。

4）漫反射型光电传感器

漫反射型光电传感器集发射器和接收器于一体，如图 11.5 所示，正常情况下接收器收不到发射器发出的光信号，当检测物通过时阻挡了光，并把部分光反射回来，接收器收到光信号，并输出一个开关控制信号。

5）霍耳开关

霍耳开关是一种利用霍耳效应的磁感应式电子开关，如图 11.6 所示，属于有源磁电转换器件。当一块通有电流的金属或半导体薄片垂直地放在磁场中时，薄片的两端就会产生电位差，这种现象就称为霍耳效应。霍耳开关是在霍耳效应原理的基础上，利用集成封装和组装工艺制作而成的，内部集成的电路把磁输入信号转换成开关量电信号进行输出，它同时具备符合实际应用要求的易操作性和高可靠性。

霍耳开关的输入端是以磁感应强度 B 来表征的，当 B 值达到一定的程度时，开关内部集成的触发器翻转，其输出电平状态也随之翻转。输出端一般采用晶体管输出，有 NPN 型、PNP 型、常开型、常闭型、锁存型（双极性）、双信号输出之分。霍耳开关具有无接触、无触点、低功耗、长寿命、高耐候、响应频率高等特点，可应用于磁控开关、接近开关、行程开关。

图 11.5　漫反射型光电传感器　　　图 11.6　霍耳开关

6）微动开关

微动开关内部具有微小接点间隔和快动机构，如图 11.7 所示，是用规定的行程和规定的力进行开关动作的接点机构，外部覆盖有外壳，其外部有驱动杆的一种开关，因为其开关的触点间距比较小，故称微动开关，又称灵敏开关。

7）对射光电开关

对射光电开关由发射器和接收器组成，结构上两者是相互分离的，在光束被中断的情况下会产生一个开关信号变化，典型的方式是位于同一轴线上的光电开关相互分开达 50m。

对射光电开关的特征是能辨别不透明的反光物体，有效距离大，如图 11.8 所示，因为光束跨越感应距离的时间仅一次，不易受干扰，可以可靠合适地应用在野外或者有灰尘的环境中；装置的消耗高，两个单元都必须铺设电缆。

图 11.7　微动开关

图 11.8　对射光电开关

8）高速计数器传感器

高速计数器（HSC）能计算比普通扫描频率更快的脉冲信号，其工作原理与普通计数器类似，只是计数通道的响应时间更短。

在使用高速计数器传感器计数时至少需要两个端子输入信号（如 A/B 计数器），其中一个端子输入连续高电平信号，使计数器线圈得电，从而选中该计数器，另一个端子输入外部事件信号计数脉冲。

11.2.3　实验步骤

基于学校物联网智慧物流实验室，如图 11.9 所示，结合 SolidWorks、Substance Painter、Photoshop 等软件对物流产线的设备机器进行建模、材质渲染，并使用 Wis3D 数字孪生平台搭建物流实验室场景并进行优化。

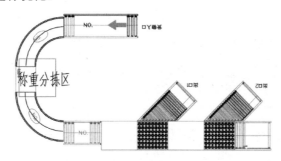
图 11.9　实验室产线平面图

1. 数字孪生产线建模

1）使用 SolidWorks 建模

SolidWorks 是达索系统下的子公司，专门负责研发与销售机械设计软件的视窗产品，SolidWorks 软件是世界上第一个基于 Windows 开发的三维 CAD 系统。SolidWorks 软件功能强大，组件繁多。SolidWorks 有功能强大、易学易用和技术创新三大特点，这使 SolidWorks 成为领先的、主流的三维 CAD 解决方案。SolidWorks 能够提供不同的设计方案、减少设计过程中的错误及提高产品质量。SolidWorks 不仅具有如此强大的功能，而且对每个工程师和设计者来说，操作简单方便、易学易用。

本实验中，在实地参观产线、了解产线布置以及工作流程，并且测量产线各部分机器的尺寸之后，使用 SolidWorks 对产线上的各个机器依次进行三维建模，如图 11.10 所示的 AGV 小车的建模。

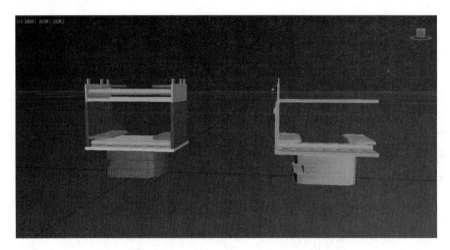

图 11.10　AGV 小车在 SolidWorks 中的建模

2）使用 Rizom UV 进行展开

Rizom UV 是一款功能强大的三维模型展示 UV 的工具，它最大的特色是能够为用户提供高效清晰的 UV 拆分及摆放功能，展开 UV 之后可以很方便地桥接导入其他三维软件，而且操作方便简单。用户不仅能够借助这款软件来创建十分精准的并且无拉伸的 UV 贴图，还能够进行非常专业且准确的 UV 制图及精确的贴图。

在本实验中，各个机器的建模完成后，将模型导入 Rizom UV 进行剪切，如图 11.11 所示，将立体的三维物体展开成由各个面组成的二维图形，便于后续进行机器部件的材质渲染及贴图。

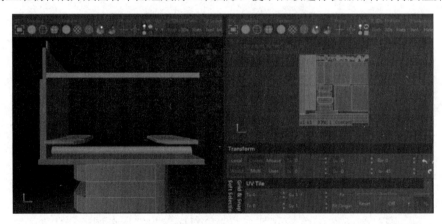

图 11.11　小车模型在 Rizom UV 中展开

3）使用 Substance Painter 渲染材质

Substance Painter 是一款功能强大的 3D 纹理贴图软件，该软件提供了大量的画笔与材质，用户可以设计出符合要求的图形纹理模型，具有智能选材功能，用户在使用涂料时，系统会自动匹配相应的材料，可以创建材料规格并重复使用适应的材料，该软件拥有大量的制作模板，用户可以在模板库中找到相应的设计模板，非常实用。Substance Painter 提供了 Nvidia Iray 的渲染和 Yebis 后处理功能，用户可以直接通过该功能增强图像的效果。

本实验中，在机器零部件 UV 展开完成之后，将其 OBJ 格式的文件导入 Substance Painter 中，对不同机器的各零部件进行上色及材质的选择，以使模型更加符合实际模型，后续将以此为基础搭建数字孪生产线，如图 11.12 所示。

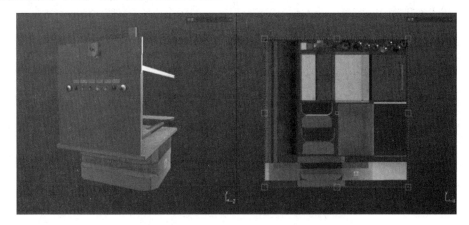

图 11.12　小车模型在 Substance Painter 中渲染材质

2．产线实时数据获取

产线实时动态数据可以通过 URL（统一资源定位系统）、MQTT（消息队列遥测传输）及 WebSocket 三种方式来获取。

首先复制预设接口的地址，更改脚本代码中的数据来源情况并转化数据，然后再传入 renderHtml，即可成功渲染，查看接口返回的数据。需要注意的是，传入 renderHtml 方法的数据结构必须保持一致。

3．数据驱动的产线仿真

Wis3D 数字孪生平台是将数字孪生柔性制造产线呈现在用户面前，将先前完成建模的产线设备依次导入系统，也可使用系统自带的设备进行搭建，形成数字孪生产线，如图 11.13 所示。

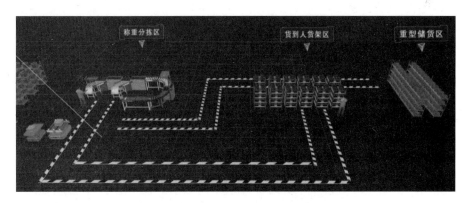

图 11.13　设备布局示意图

搭建产线后，可以进行产线任务仿真，包括称重、分类、派送。系统判断后开始执行称重、分类、派送流程，用户可以观看轴料零件的整线流程，学习并分析设备的运行情况、物流分拣的整体流程。

11.3　思考与作业

（1）提交产线设备三维建模的文件。

（2）提交建立的数字孪生产线。

（3）简述项目作业中遇到的问题及解决方案。

第12章　机器视觉应用项目

12.1　项目目标

（1）能够综合运用机器视觉基本理论、计算机图像处理软件和控制理论，借助智能制造工程实训平台设计机器视觉分拣实验平台，了解不同形状物品分拣识别系统的设计；

（2）掌握利用滤波、图像增强与边缘检查对物体形状的识别等机器视觉图像信息采集及处理方法；

（3）能够实现机械手的抓取、移动和放置等动作的运动控制。

12.2　项目内容

12.2.1　项目原理

通过以太网通信实现运动控制器、工业相机及机器视觉系统的信息传递。利用棋盘标定板实现相机标定，获取目标对象的直角坐标系坐标。通过工业相机对图像采集后，利用图像分割、增强等技术对形状识别和处理，采用直角坐标机器人结构完成分拣运动的控制。

12.2.2　项目准备

（1）安装运动控制器，用一根网线将运动控制器与计算机连接在一起，设置 IP 地址为192.168.1.X（1～255）；

（2）安装机器视觉教学实验软件；

（3）安装工业相机设置软件 MV Viewer 。

12.2.3　项目步骤

第一步：机器视觉实验是基于直角坐标机器人实现的，首先在智能制造工程实训平台完成直角坐标机器人机械主体的搭建，搭建完成后的直角坐标机器人如图 12.1 所示。

图 12.1　直角坐标机器人

第二步：安装工业相机和末端执行器气动吸盘组件，如图 12.2 所示。

图 12.2　工业相机及气动吸盘组件

第三步：将背光光源放置在方形工作台上，为防止运动过程中光源移动，可用双面胶固定，如图 12.3 所示。光源控制器放置在支撑型材旁边，然后将光源的信号线接到光源控制器的第一通道 CH1，光源控制器的电源线接 220V 电压。

图 12.3　背光光源

第四步：由于运动控制器和工业相机均采用以太网通信，但一般计算机都只有一个以太网口，因此在机器视觉实验中需要使用一个路由器，路由器的第一路网口与计算机连接，第二路网口与设备连接，第三路网口与工业相机连接，如图 12.4 所示。网口连接好以后再连接路由器电源。

图 12.4　路由器连接方式

第五步：有些型号的工业相机以太网口不带 POE 功能，所以需要单独再接一根电源线，如果是带 POE 功能的则不需要，如图 12.5 所示。接入网线后，工业相机电源指示灯能亮说明带 POE 功能，若指示灯不亮则说明不带 POE 功能，此时再接相机电源线。

图 12.5　工业相机电源指示灯

第六步：将棋盘标定板放置在光源中间位置，有 GP100 12*9 的字符一边朝外，如图 12.6 所示。

图 12.6　棋盘标定板

第七步：将标定针插入吸盘中，并保证标定针竖直向下，没有明显的倾斜，如图 12.7 所示。

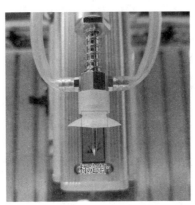

图 12.7　标定针

第八步：将所有连线接好以后，接通 220V 电源，打开所有电源开关，保证所有需要用电的模块均通电正常，包括空气压缩机、设备平台、光源控制器、路由器及工业相机。机器视觉分拣总体结构如图 12.8 所示。

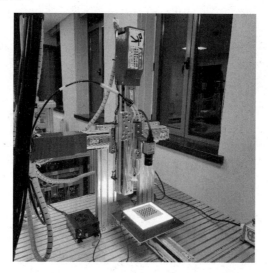

图 12.8　机器视觉分拣总体结构

第九步：先找到本地连接将计算机 IPv4 地址设置为 192.168.0.20，然后在电脑桌面找到工业相机设置软件 MV Viewer 并打开，观察设备列表中显示的 IP 地址，若显示的不是 192.168.0.12，则单击图 12.9 所示的 ✏ 图标按钮进入 IP 地址设置界面，将 IP 地址设置为 192.168.0.12。

图 12.9　工业相机设置软件配置

然后单击 🖳 图标按钮连接相机，连接成功以后，单击获取图像的 ▶ 图标按钮显示图像，如图 12.10 所示。

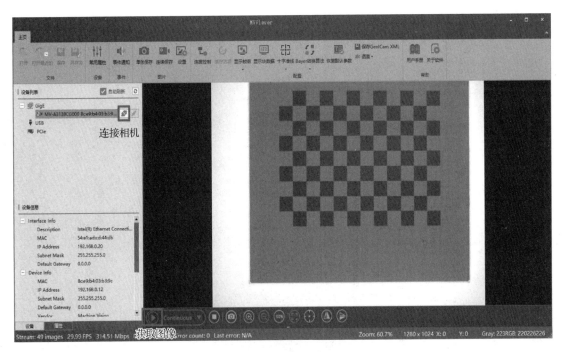

图 12.10　连接相机和获取图像

第十步：若发现显示的图像不够清晰，此时需要先打开光源控制器上的红色船型开关，然后通过调节按钮调节光源亮度，如果显示效果还不是很理想，此时需要设置工业相机的常用属性，边观察边调整，直到显示较为清晰为止，如图 12.11 所示。

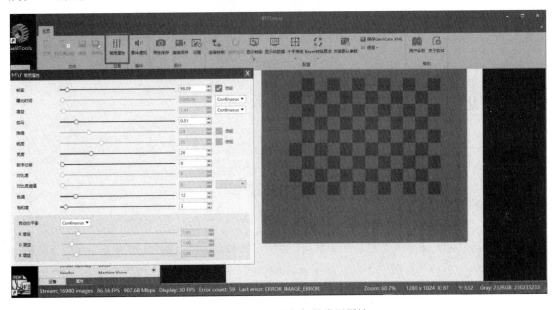

图 12.11　设置工业相机的常用属性

第十一步：双击机器视觉教学实验软件的图标按钮，不用输入密码，直接单击【登录】按钮进入，软件主界面如图 12.12 所示。

图 12.12　机器视觉教学实验软件的主界面

第十二步：单击界面左侧的设置图标按钮进入运动控制器控制界面，如图 12.13 所示。打开运动控制器，若提示打开失败，则检查设备是否正常上电或者 IP 地址是否设置正确。

图 12.13　运动控制器界面

第十三步：单击【回零】按钮后系统开始回零，*XYZ* 三个轴同时往零点方向运动，此时需等待回零完成以后再执行其他操作，回零完成以后再单击【重置】按钮将 *XYZ* 三个轴的位置全部清零。最后通过【打开吸盘】和【关闭吸盘】两个按钮测试吸盘是否正常工作，若吸盘无法工作需要检查空气压缩机的电源和阀门是否都已正常开启。

第十四步：单击界面左侧的相机图标按钮进入工业相机控制界面，如图 12.14 所示，单击界面上方的【+添加设备】按钮，此时弹出【搜索设备】对话框，系统自动搜索可用的相机设备并在左侧列表显示，在左侧列表双击需要添加的相机设备，相机信息将增加到主界面的设备列表中。

图 12.14　工业相机控制界面

第十五步：双击设备列表中的工业相机信息可以打开工业相机，主界面右侧将显示实时图像，如图 12.15 所示。

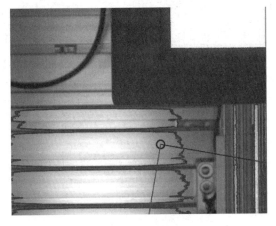

图 12.15　实时图像

第十六步：由于机器人此时处于零点位置，相机并不在光源的正上方，单击【去拍照】按钮，此时机器人开始运动至光源大概正上方位置，此时可以看到整个标定板。

第十七步：单击棋盘格图标按钮，此时棋盘格中待标定的区域被识别出来，如图 12.16 所示。

图 12.16　标定棋盘格

第十八步：单击界面左侧的设置图标按钮进入运动控制器控制界面，然后通过【X+】【X-】【Y+】【Y-】【Z+】【Z-】6个按钮将机器人移动至标定板第一个标定点的正上方，参考标定针的位置，如图12.17所示，在此过程中可以通过设置不同的步长来移动，离标定点较远时可以设置步长为10或20快速接近，接近标定点时可以设置步长为0.1或者0.2慢慢逼近，标定越精确越好，否则容易产生误差。需要注意的是，Z方向的调整，不宜用太大的步长，否则标定针容易接触到标定板。

图12.17 标定针标定

第十九步：确定到达第一个标定点后，单击【记录当前位置】按钮记录当前位置，此时弹出标定点确认界面，选中第一个标定点0，如图12.18所示。

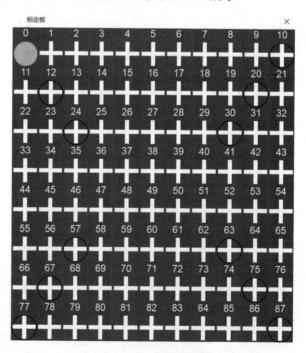

图12.18 第一个标定点

第二十步：重复以上步骤完成 12 个标定点的确认，标定板中 12 个标定点在标定确认界面中的对应关系图如图 12.19 所示。标定点建议标定顺序为 0—10—87—77—12—20—75—67—24—30—63—57，每次达到标定点后一定先单击【记录当前位置】按钮，然后在弹出的标定点确认界面中选中对应的标定点，标定过程需要一定的耐心，按步骤执行，否则容易标定错误。

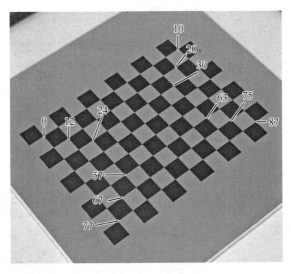

图 12.19　12 个标定点

第二十一步：12 个标定点依次标定完成以后，单击界面左侧的相机图标按钮进入工业相机控制界面，然后单击【标定】按钮，弹出标定成功提示框，如图 12.20 所示。

图 12.20　标定成功

第二十二步：单击【测试】按钮，此功能主要用于测试标定效果，在弹出的标定板中，随机选择一个标定点，如图 12.21 所示，此时机器人开始运动至拍照位置，然后再单击选择点，此时机器人开始运动至选择点进行吸取作业，注意观察机器人运动位置是否准确，若偏差太大则需要重新标定。

第二十三步：如果测试结果较为理想，就可以开始实验。首先将标定针取下，将标定板拿开，然后将三个圆形实验件放到光源上，如图 12.22 所示，保证实验件均在相机视场范围内，超出视场范围将无法正常识别。

第二十四步：在图形选择时只选择圆形，如图 12.23 所示，默认所有形状均选中，最后单击【抓取】按钮，此时机器人会依次运动至实验件上方进行吸取放置动作。

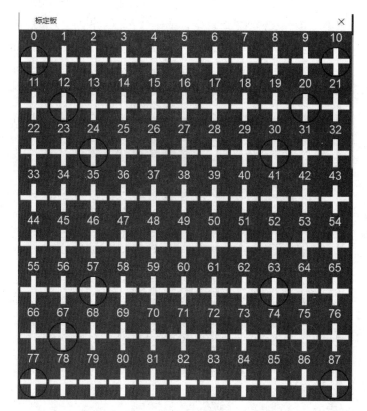

图 12.21 验证标定点

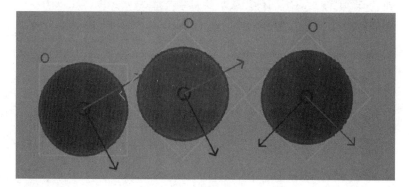

图 12.22 标定图形识别

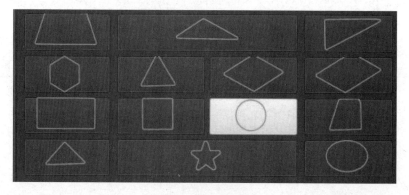

图 12.23 图形选择界面

第二十五步：在吸取过程中可能出现吸盘接触不到实验件的情况，此时则需要设置配置文件 config.ini 中关于 Z 方向的参数。关闭软件，然后找到配置文件 config.ini（路径：机器视觉教学实验软件\VisionInspect2023\x64\Debug）并用记事本打开，找到[toolpose]段中的 z_0，如图 12.24 所示。

[toolpose]
x_0=50.100
y_0=86.910
z_0=185.000

图 12.24　配置 z_0

将 z_0 值加 5 改成 190，表示吸取时 Z 方向再向下多运动 5mm，然后关闭配置文件，打开机器视觉教学实验软件再次执行吸取操作，观察吸盘离实验件的距离，若还是没能接触，则继续增加，直到能吸取为止，需要注意的是，修改配置文件时一定要关闭软件，否则修改的值无法生效。

第二十六步：如果单击【去拍照】按钮，机器人没有任何运动，那么需要打开配置文件 config.ini 查看拍照点的坐标值。如果机器人没有任何运动，那么 XYZ 三个坐标可能均为 0，若是 0 则重新修改，修改完成后需要保存，然后重新打开软件进行实验。

12.3　思考与作业

（1）简述机器视觉的组成。
（2）简述机器视觉系统的特点。
（3）简述工业相机标定的目的。
（4）简述工业相机标定的过程，以及在标定过程中标定板图像采集的注意事项。

第13章　仓储物流仿真项目

自动化仓储系统主要通过现代技术手段代替人工作业的方式完成物料的存储，然而不同的应用场景和存储工艺要求不同，即使是人工存储方式也有很大的不同，因此各种自动化仓储系统在不同的行业和场景下有各自的应用。

13.1　项目目标

（1）巩固和扩充课堂讲授的理论知识；

（2）掌握自动化立体仓库的组成，并通过FMS虚拟仿真系统更加直观地了解智能仓库出库、入库、移库等操作流程；

（3）掌握RGV小车的功能及工作原理，并通过FMS系统进行RGV小车送料、回料、移料等模拟操作。

13.2　项目内容

13.2.1　自动化立体仓库概述

自动化立体仓库，是物流仓储的新概念。利用自动化立体仓库设备可实现库房空间均衡生产、存取自动化、操作简便化。自动化立体仓库是目前技术创新能力较高的形式之一。

自动化立体仓库的主体由货架、巷道式堆垛起重机、入（出）库工作台和自动运进（出）系统及操作控制系统组成。自动化立体仓库如图13.1所示。

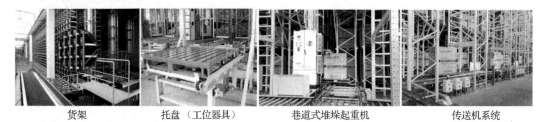

货架　　　　　　托盘（工位器具）　　　　巷道式堆垛起重机　　　　传送机系统

图13.1　自动化立体仓库

自动化立体仓库具有以下特点。

（1）它可以大大提高空间的利用率，使企业仓库存储变得更加井然有序，并且能够减少占地面积，为企业减少很多的土地购置成本，这样就在很大程度上帮助企业节约了费用。

（2）它可以减少库存积压的问题，不仅能够方便进行货物的存取，也能够解放很多劳动力，使企业的生产效率得到最大限度的提高，让作业效率变得更加先进化。

（3）自动化立体仓库是现代化企业的重要标志，很大地提高了企业生产的管理水平，让生产企业的竞争优势变得更加明显。

（4）自动化立体仓库能够实现自动化操作，减少人工操作出现的错误率，使货物的破损率降低到最低水平，从而真正达到"无人化仓库"的管理标准，也让企业的货物管理能力提升到一个全新的水平。

（5）自动化立体仓库在管理方面是非常方便的，借助计算机来实现高效管理作业，不用再像以前用人工来操作，让企业的生产物品管理变得最具简便化。

13.2.2　自动化立体仓库仿真训练

1．自动化立体仓库系统仿真准备

行走至立体仓库信息终端处，单击信息终端操作面板，弹出立体仓库操作界面，也可以单击菜单栏的设备界面，在设备界面中选择立体仓库，弹出立体仓库操作界面。自动化立体仓库系统仿真准备操作如图 13.2 所示。

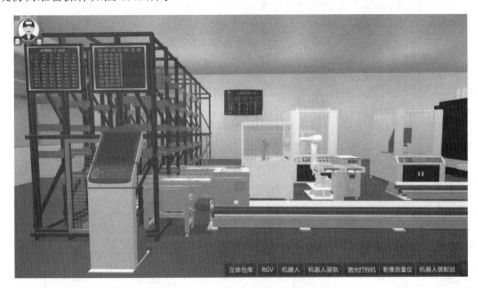

图 13.2　自动化立体仓库仿真准备

打开立体仓库操作界面后的步骤如下。

第一步：拔起【急停】按钮，解除自动化立体仓库报警；

第二步：将【手/自动】旋钮旋转至自动状态；

第三步：按下【启动】按钮，启动自动化立体仓库，如图 13.3 所示。

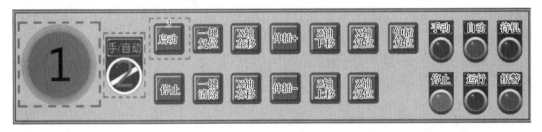

图 13.3　立体仓库操作界面

2. 自动化立体仓库系统工作流程仿真任务训练

仓库任务分为 5 大命令：成品回库、原料出库、原料入库、成品出库、移库。如图 13.4 所示，系统任务又分为系统手动任务和系统自动任务。

系统手动任务通过单机操作界面进行操作，系统自动任务通过联机操作界面进行操作。

图 13.4　仓库任务菜单

1）手动操作任务

手动操作可以打开手动操作面板，通过手动操作按钮操作立体仓库的堆垛机，对仓库库位的物料进行取料和放料的操作。手动操作界面如图 13.5 所示。

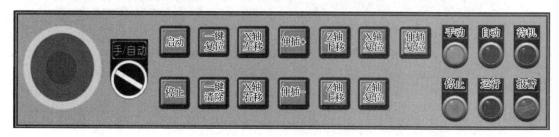

图 13.5　手动操作面板

手动操作面板主要包括控制按钮、操作按钮、状态指示灯三部分。

（1）控制按钮。

① 急停按钮：按下【急停】按钮，仓库进入报警状态，报警指示灯亮，停止指示灯亮，停止正在进行的所有动作。进入急停之后，解除报警需要再按一次【急停】按钮。

②【手/自动】旋钮：此旋钮控制仓库手/自动状态。

③【启动】按钮：按下【启动】按钮，控制仓库启动状态。【启动】按钮只在自动状态下才能按下。

④【停止】按钮：在启动仓库之后，按下【停止】按钮，仓库进入停止状态，停止指示灯亮。需按下【启动】按钮启动仓库，结束停止状态。立体仓库最初处于停止状态。

⑤【一键复位】按钮：按下【一键复位】按钮，堆垛机 3 轴自动回到零点位置。

⑥【一键清除】按钮：出现非急停引起报警时，按下该按钮解除报警。

（2）操作按钮。

①【X 轴右移】按钮：按下该按钮，控制堆垛机往前移动；松开按钮，堆垛机停止前进。

②【X 轴左移】按钮：按下该按钮，控制堆垛机往后移动；松开按钮，堆垛机停止后退。

③【伸插+】按钮：按下该按钮，控制堆垛机伸插板往左伸插；松开按钮，堆垛机伸插板停止左插。

④【伸插-】按钮：按下该按钮，控制堆垛机伸插板往右伸插；松开按钮，堆垛机伸插板停止右插。

⑤【Z 轴上移】按钮：按下该按钮，堆垛机伸缩台上升；松开按钮，堆垛机伸缩台停止上升。

⑥【Z 轴下移】按钮：按下该按钮，堆垛机伸缩台下降；松开按钮，堆垛机伸缩台停止下降。

⑦【X 轴复位】按钮：按下该按钮，堆垛机自动回到零点位置。

⑧【Z 轴复位】按钮：按下该按钮，堆垛机伸缩台自动回到零点位置。

⑨ 伸插复位：按下该按钮，堆垛机伸缩板自动回到零点位置。

（3）状态指示灯。

① 报警指示灯：仓库进入报警状态，报警指示灯亮。

② 待机指示灯：仓库进入待机状态，待机指示灯亮。

③ 运行指示灯：仓库进入运行状态，运行指示灯亮。

④ 手动指示灯：仓库进入手动状态，手动指示灯亮。

⑤ 自动指示灯：仓库进入自动状态，自动指示灯亮。

⑥ 停止指示灯：仓库进入停止状态或者报警状态，停止指示灯亮。

在对手动操作面板了解后，尝试根据 1 号库出库位或入库位留下的零件板对物料进行手动操作，完成原料入库、成品入库、成品出库、原料出库、移库等功能练习。

注：手动操作练习提示。

当自动化立体仓库系统发生错误报警时共有两种情况。

① 堆垛机碰撞报警，如图 13.6 所示。解除报警的步骤如下。

第一步：关闭报警信息界面。

第二步：按下【一键清除】按钮，解除报警。

第三步：将【手/自动】旋钮旋转至自动模式。

第四步：按下【启动】按钮，进行回零操作。

图 13.6　堆垛机碰撞报警

② 堆垛机伸插机构带零件碰撞报警，如图 13.7 所示，解除报警的步骤如下。

第一步：单击【手动搬离零件】按钮，关闭报警信息界面。

第二步：按下【一键清除】按钮，解除报警。

第三步：将【手/自动】旋钮旋至自动模式。

第四步：按下【启动】按钮，进行回零操作。

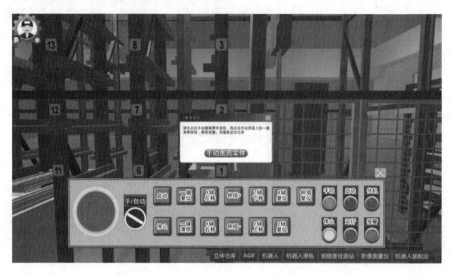

图 13.7　堆垛机伸插机构带零件碰撞报警

2）自动操作任务

自动化立体仓库自动操作面板分为 4 个模块：原料入库模块、成品入库模块、出库与移库模块、当前执行任务模块，如图 13.8 所示。

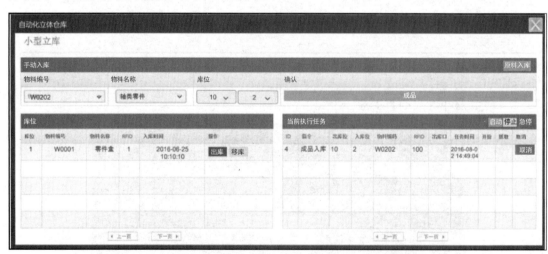

图 13.8　自动操作面板

第一步，原料入库。

单击自动界面手动入库一行的【原料入库】按钮，打开图 13.9 所示的界面，写入物料信息，执行【保存】→【存储原料入库】命令，可在当前执行任务列表中看到原料入库命令。

图 13.9　原料入库界面

第二步，成品回库。

自动界面的第二行为成品回库命令发布栏，可通过下拉列表选择物料编号、物料名称、出库位和入库位，将鼠标移至入库位下拉列表框，可自动刷新计算所有空库位。所有下拉框选择完毕之后，单击【成品】按钮，可发布成品回库命令，该命令可在当前执行任务列表中查找到，如图 13.10 所示。

图 13.10　成品回库界面

第三步，成品出库。

查看库位列表，单击有料库位操作一栏中的【出库】按钮，可以对该库位零件进行成品出库操作，单击【出库】按钮打开图 13.11 所示的界面，在【目标库位】下拉列表中，选择 5 个出库平台所对应库位号的其中一个库位，单击【提交】按钮，发布成品出库命令，该命令可在当前执行任务列表中查找到。

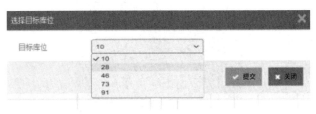

图 13.11　成品出库界面

第四步，移库。

查看库位列表，单击有料库位操作一栏中的【移库】按钮，选择目标库位界面，目标库位界面会显示所有空库位信息，找到想要的库位号进行单击，再单击【提交】按钮，可发布移库命令，该命令可在当前执行任务列表中查找到，如图 13.12 所示。

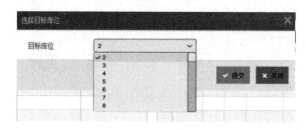

图 13.12　移库界面

第五步，原料出库。

原料入库送入的零件是原料，可以进行再次加工，这就需要原料出库。在原料的零件所在库位进行操作，会多出一个出料按钮，这个按钮可以发布原料出库命令。单击【出料】按钮，打开选择目标库位界面，可以选择出料平台，选择出料平台后，单击【提交】按钮，发布原料出库命令，该命令可在当前执行任务列表中查找到，如图 13.13 所示。

库位	物料编号	物料名称	RFID	入库时间	操作
1	W0001	零件盒	1	2016-06-25 10:10:10	出库　移库
2	1	齿轮零件	1	2016-08-04 10:02:09	出库　移库　出料

图 13.13　原料出库界面

熟悉自动操作任务命令后，尝试进行 4 项自动化立体仓库自动操作任务练习。

13.2.3　RGV 小车仿真训练

RGV 小车即"有轨制导车辆"，又称"有轨穿梭小车"，如图 13.14 所示。RGV 小车常用于各类高密度储存方式的立体仓库，小车通道可根据需要设计成任意长，并且在搬运、移动货物时无须其他设备进入巷道，速度快、安全性高，可以有效提高仓库的运行效率。

图 13.14　RGV 小车

在本系统中，RGV 小车练习任务分为送料、回料、移料三种操作，如图 13.15 所示。

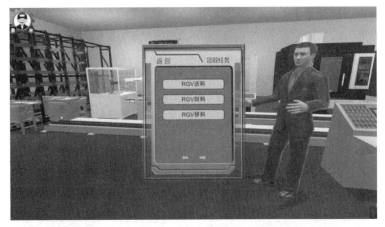

图 13.15　RGV 小车操作界面

领取 RGV 小车任意一个任务后，打开任务查询界面，查看任务要求，如图 13.16 所示。

图 13.16　任务查询界面

根据任务要求，打开菜单栏，选择设备界面的【RGV】选项，启动 RGV 小车，如图 13.17 所示。

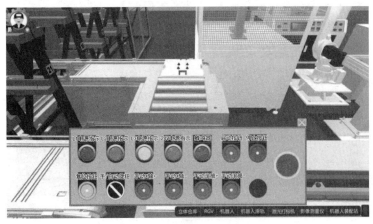

图 13.17　启动 RGV 小车

RGV 小车操作练习方式如下。

小车正确到位到有料的平台后，按下【手动滚筒-】按钮，使小车搬运工装板，工装板到极限位，下方出现提示语句后，方可移动 RGV 小车，按下【手动 X 轴-】与【手动 X 轴+】按钮，移动小车至目标工位台。按下【手动滚筒+】按钮，输送工装板至目标工位台，工装板到极限位后，下方提示性文字弹出，提示任务完成。

完成任务后，打开任务查询界面，单击【提交任务】按钮，提交任务，如图 13.18 所示。

了解操作后，完成 RGV 小车送料、回料、移料操作练习。

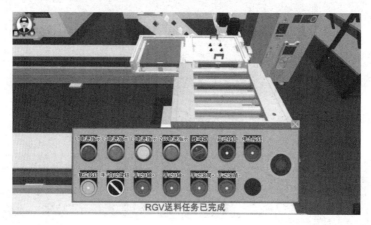

图 13.18　提交任务

注：RGV 操作面板提示。

● 按下【手动 X 轴-】按钮，RGV 小车向数控车床方向行驶；

● 按下【手动 X 轴+】按钮，RGV 小车向立体仓库方向行驶；

● 按下【手动滚筒-】按钮，RGV 小车从工位台接工装板；

● 按下【手动滚筒+】按钮，RGV 小车向工位台送工装板；

● RGV 小车每次准确到达一个站点，都会等待 3s，下方即出现提示性文字，如图 13.19 所示。RGV 小车上有红色小方块，可以参照红色方块与工位台的中心位置来确定 RGV 小车到位。

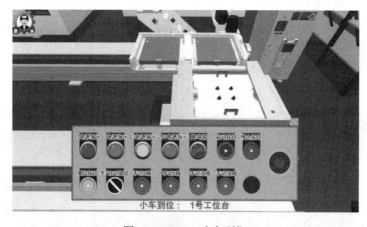

图 13.19　RGV 小车到位

13.3　思考与作业

（1）简述自动化立体仓库在智能制造中发挥的作用。

（2）如何在 FMS 虚拟仿真系统中手动和自动操作自动化立体仓库？

（3）自动化立体仓库 RGV 小车的工作流程有哪些？按不同工况设计 RGV 小车的作业路径。

（4）阐述仓储系统发展方向与技术展望。

第14章 物料分拣项目

物料分拣系统是一种自动化的物流设备，可以将不同种类、不同规格的物料按照一定的规则进行分类、分拣和归类，从而实现高效、准确、快速的物流处理。PLC 控制分拣系统因成本低、效率高的优点已经成为主流。物料分拣系统可以根据设定的程序在无人的情况下高效地工作，维护费用极少，节省了大量的人力劳动，减少了企业的额外支出，是企业节省成本最好的方法。

物料分拣采用 PLC 进行控制，能连续、大批量地分拣货物，分拣误差率低且劳动强度大大降低，可显著提高劳动生产率。物料分拣装置的 PLC 控制系统利用了 PLC 技术、位置控制技术、气动技术、传感器技术、电动技术、传动技术等。另外，分拣系统能灵活地与其他物流设备无缝连接，实现对物料实物流、物料信息流的分配和管理。其设计采用标准化、模块化的组装，具有系统布局灵活，维护、检修方便等特点，同时受场地原因影响不大。

14.1 项目目标

（1）巩固和扩充课堂讲授的理论知识；
（2）了解物料分拣在物流和仓储领域的重要性和应用；
（3）依据实际情况建立物料分拣产线。

14.2 项目内容

14.2.1 基本概念介绍

1. 工业机器人

工业机器人是一种专门设计的、用于执行各种工业任务的自动化机器人系统，它们被广泛应用于制造和生产过程中，以提高生产效率、质量和安全性。机器人技术会使生产加工方式更加多样化，降低产品的不良率，提高企业的制造水平。为了使工业机器人适应不同的应用场合，工业机器人制造商生产出具备防水、防爆、防尘、协作等性能的工业机器人。工业机器人可编程的特性使其易应用到柔性制造系统。

工业机器人是制造业高端制造装备的代表，具有许多优良的特性，包括重复定位精度高、柔性程度高、易集成等。工业机器人因优良的特性被应用到各种生产领域，如车辆焊接、食品包装、产品装配、流水线分拣和涂胶等。焊接机器人的速度稳定、轨迹光滑，对普通焊缝的焊接质量往往高于人工焊接的质量。运用在流水线的分拣工业机器人可以不间断作业，可避免因员工疲劳导致的产品缺陷，从而提高生产效率。

在制造业许多生产领域的流水线上需要完成分拣工作，如分拣装箱、产品组装等。SCARA型4轴机器人、6轴串联工业机器人和并联机器人都具有灵活、重复定位精度高、稳定快速运行的性能。因此这 3 种机器人通常用于分拣。图 14.1 所示为流水线上的分拣机器人。

图 14.1　流水线上的分拣机器人

2. 机器视觉

机器视觉是一项综合技术，包括图像处理、机械工程技术、控制、电光源照明、光学成像、传感器、模拟与数字视频技术、计算机软硬件技术（图像增强和分析算法、图像卡、I/O 卡等）。一个典型的机器视觉应用系统包括图像捕捉、光源系统、图像数字化模块、数字图像处理模块、智能判断决策模块和机械控制执行模块。机器视觉系统最基本的特点就是提高生产的灵活性和自动化程度。在一些不适合人工作业的危险工作环境或者人工视觉难以满足要求的场合，常用机器视觉来替代人工视觉。同时，在大批量重复性工业生产过程中，机器视觉检测方法可以大大提高生产的效率和自动化程度。

机器视觉技术研究的内容是模拟人类的视觉功能，使机器完成自主测量、检测和控制。机器视觉技术实现的测量精度可达到微米级；不需要与被测物体接触使该测量方式受环境影响的因素减少。机器视觉技术应用于工业领域的主要目的是进行测量、检测、定位和识别。

（1）视觉测量主要是使用图像采集设备得到目标物体的数字图像，利用图像处理软件自动提取数字图像的有关数据，并计算出被测物体的外观尺寸，进而指导、改进后续的生产过程与工艺。

（2）视觉检测主要用于判断物体的有无、表面是否破损，通常用于产品装配过程中，检查被检对象的当前状态是否合格。视觉检测是机器视觉应用中最常见的、也是最典型的一类，多用于对合格品或次品的定性判断，辅以一定的定量判别，借助尺寸测量以判断是否在允许的公差范围。

（3）视觉定位主要用于获得被检对象的空间坐标，并利用空间坐标信息对设备进行后续的控制、加工与运动控制。该功能通常与机器人相配合，引导机器人运动或者手臂的定位，实现自动组装、自动包装、自动灌装、自动焊接、自动喷涂等。根据应用维度的不同，视觉定位可以是二维的也可以是三维的。

（4）视觉识别主要是利用图像处理与图像分析技术提取图像中的目标信息并依据不同目标实施相关的匹配与识别，如字符识别、条码识别、纹理识别、颜色识别等。

14.2.2　实验平台介绍

本次实验使用模块化的物料分拣实训平台。采用模块化设计方法的原因在于该方法可以实现不同形式的工艺流程组合，从而根据应用背景的不同，重构相应的物料分拣系统，满足不同专业学生的基础训练与创新实践要求。将常见的物料分拣模块进行系统集成，可以组合出适用于不同场合的工艺流程，如图 14.2 所示，可包括五种工艺流程，五种工艺流程的安排顺序为由易到难，学生在训练过程中能够更加容易上手。

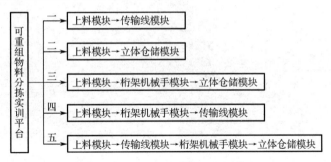

图 14.2　工艺流程安排

1. 实验平台的布局与工作流程

可重组物料分拣实训平台的总体布局如图 14.3 所示。从左到右依次为上料模块、传输线模块、桁架机械手模块及立体仓储模块。该实训平台的组成大部分是常用的机械电气标准元器件，只需按实际需求进行选型、采购即可，避免了相关零部件损坏时不能及时更换的缺点，同时有效避免了加工小批量非标准件带来的平台开发成本增加的问题。

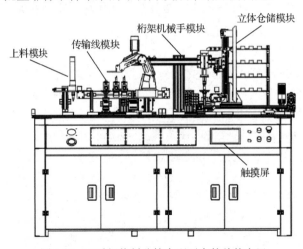

图 14.3　可重组物料分拣实训平台的总体布局

本实验采用西门子 S7-1200 系列 PLC 作为控制器，对实训平台的各个模块进行控制。采用西门子 TP 700 系列触摸屏作为人机交互工具，在触摸屏上进行手动/自动模式的切换。设有启动、停止、急停等物理按钮，由此保证实训过程贴近生产实际。系统在启动时，滑台等运动机构会自动回零，气缸等执行机构会自动复位，此时指示灯变为黄色，等待来自控制系统的操作指令。该平台设计有急停保护功能，在遇到紧急情况时，可按下急停按钮，设备会立即停机，从而起到安全保护的作用。系统工作流程示意图如图 14.4 所示。

2. 实验平台的特点

物料分拣实训平台是一个具有较高柔性与灵活性的自动检测分拣平台。该实训平台采用模块化结构设计方式，模块底部具有快换型材板，只需借助常规工具就可完成各个模块的拆卸和安装。该实训平台能够通过"替换、重组、再创新"的方式，实现在单一物料分拣实训平台上重构不同应用背景的物料分拣系统，从而满足不同专业学生的基础训练与创新实践要求，弥补实验室场地不足、实训平台内容固化、学生难以再创新的不足。

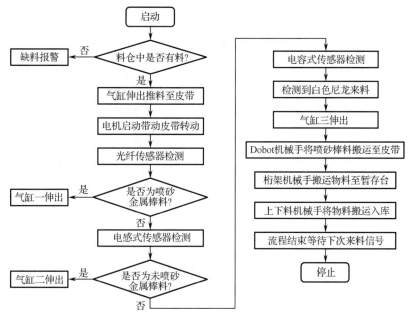

图 14.4　系统工作流程示意图

学生通过此实训平台的实践，能熟悉自动产线的检测、传输、处理的执行过程及自动分拣系统的控制过程，能够熟练掌握机电一体化技术。该平台的主要特点可以归纳为以下几个。

（1）采用模块化的设计方式，便于安装和拆卸，可重组性能好。

（2）该平台的机构大量采用标准件，而不是生产制造成本更高的非标准件，降低了零件的购置成本。

（3）采用伺服电机、步进电机控制同步皮带运行，使执行机构的定位更加精确。

（4）采用西门子 S7-1200 系列 PLC 实现程序控制，该型 PLC 小巧，安装方便，价格也较低。

（5）系统的执行机构如伸缩气缸、气动手指等采用气压驱动的方式进行驱动，具有清洁、环保的特点。

（6）在采用触摸屏技术的同时也保留了物理按钮，使得操作更加高效便捷。

14.2.3　模块组成

1. 上料模块

上料模块主要用于工件自动上料，采用铝材加工组装而成，配有双轴推料气缸，推料气缸前端推杆固定在物料推块上，当推杆伸出时，带动物料推块同步向前伸出，从而将物料推至皮带传输线上；一个快换板底座，便于模块的快速装拆；一个井式料仓，用于储存多种类型的物料；一个电容式接近传感器，用于测量料仓中有无料，有料时可在 PLC 控制下进行上料，无料时进行空仓报警；一个弹片式端子台，方便完成电气接线。上料模块示意图如图 14.5 所示。

上料模块由 PLC 控制其运行，由电磁阀控制气缸、推杆等执行机构的动作，料仓底部采用电容式接近传感器作为检测传感器。上料模块启动时，首先检查上料推块是否处于原点位置，若未处于原点位置，则需在触摸屏上将模式切换为手动模式，从而手动操作回原点。其次检查料仓中是否有料，若无料，则进行缺料报警，并等待加料；若有料，则推料气缸的推杆带动物料推块向前伸出，从而将物料推至传输线皮带上，物料到位后，推料气缸伸出动作复位。上料模块的工作流程如图 14.6 所示。

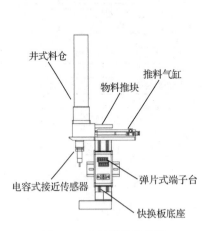

图 14.5　上料模块示意图

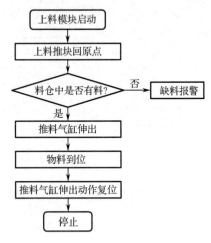

图 14.6　上料模块的工作流程

2．传输线模块

传输线模块主要由以下几部分组成。

（1）上料导轨，用于防止物料在传输线上跑偏；

（2）皮带模组，由直流电机 Z2D15-24GN-2GN50K（配减速机，减速比 1∶50）驱动，主要用于物料的传送；

（3）电机安装板，用于安装直流电机及减速机；

（4）光纤传感器、电感式传感器、电容式传感器，用于检测不同类型的物体材料；

（5）三个笔形单轴推料气缸，用于将传感器识别出的物料推入对应的分拣料仓中；

（6）三个气缸安装支架，用于将推料气缸安装在合理的位置；

（7）一个物料暂存台，用于存放合格品；

（8）Dobot 机械手，用于将合格物料搬运至皮带传输线中后段；

（9）两个分拣料仓，用于储存分拣后的物料，分拣料仓做成倾斜式的，以保证被分拣出的物料能顺利地滑至分拣料仓底部；

（10）V 形回正挡块，用于将可能在皮带上跑偏的物料回正，从而保证能被皮带末端的光电传感器识别，便于桁架机械手抓取；

（11）光电传感器，用于检测来料是否到位，到位时通过 PLC 控制桁架机械手搬运物料。传输线模块的俯视图如图 14.7 所示。

上料模块的物料推块将物料推到皮带传输线上，上料导轨修正物料的运行姿态，防止物料跑偏。物料被推出后，由 PLC 控制直流电机的启动，从而控制皮带运转，待物料运行到传感器检测与分拣单元时，PLC 控制电机停转，采用光纤传感器、电感式传感器、电容式传感

器检测来料的成分，单轴推料气缸根据来料的成分分别将其推出至对应的物料暂存台；Dobot
机械手将物料暂存台的物料重新搬运至皮带传输线的中后段，继续向前传输至皮带末端，位于
传输线末端的光电传感器负责检测来料，并将来料信号反馈给 PLC，由 PLC 控制桁架机械手
将物料搬运至物料暂存台二。

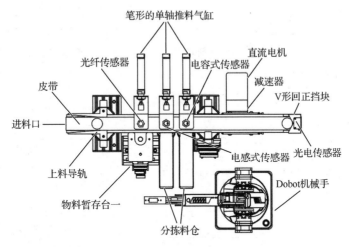

图 14.7　传输线模块的俯视图

3．桁架机械手模块

桁架机械手模块主要用于物料的搬运，由伺服电机 CTSDM16-B2012（200W）及配套的
伺服驱动器、铝合金弹性单模片联轴器、精密同步带滑台模组、升降气缸、气动手指、气缸安
装支架、对射式光电开关、物料暂存台二、暂存台传感器等组成。其中，由伺服电机作为动力
源，结合精密同步带滑台模组可实现行程范围内任意位置精准定位，同时在升降气缸及气动手
指的配合下，可以将皮带传输线末端被光电传感器检测到的物料搬运至物料暂存台二。桁架机
械手模块示意图如图 14.8 所示。

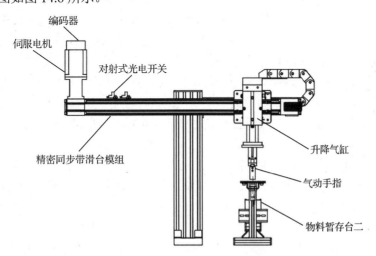

图 14.8　桁架机械手模块示意图

桁架机械手模块的工作原理：伺服电机运转，通过铅合金弹性单模片联轴器带动同步带
转动，同步带再带动滑台沿 X 轴方向移动，同时带动其上的升降气缸及气动手指一起运动，

到达物料的正上方后进行取料。

精密同步带滑台模组的横梁上一共有 3 个对射式光电开关，用于对桁架机械手的 X 轴进行运动限位。当物料被传送到传输线模块尾端的光电传感器可检测区域时，PLC 将控制伺服电机工作，从而通过滑台带动升降气缸及气动手指运行到物料的正上方，此时升降气缸伸出，气动手指夹紧物料，然后升降气缸缩回，同步带动滑台运行到物料暂存台二的正上方，然后将物料置于物料暂存台二上。物料暂存台二上的电容式接近传感器感应到来料，将信号反馈给PLC，从而控制上下料机械手动作，将物料放进立体仓库中程序设定好的库位中。桁架机械手的工作流程如图 14.9 所示。

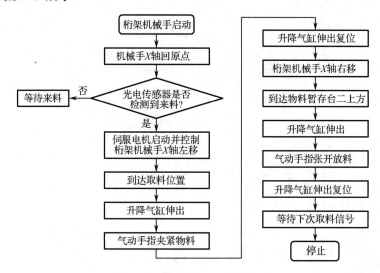

图 14.9　桁架机械手的工作流程

4．立体仓储模块

立体仓库模块主要由两大部分组成，即上下料机械手和简易立体仓库。上下料机械手主要用于物料的自动搬运，由两台精密同步带滑台模组、双轴伸缩气缸、气动手指、传感器等构成。由两台 JK57HS56 步进电机驱动，配有配套的步进驱动器，两台步进电机分别控制上下料机械手的 X 轴、Z 轴方向的移动。简易立体仓库的主体为铝合金支架，主要用于物料存储，由立式货架组成，分为 3 层，每层有 4 个库位，共 12 个库位。上下料机械手在进行物料入库时按照程序设定的从左往右、从下往上的顺序依次摆放，可通过修改 PLC 程序来改变入库顺序及方式。上下料机械手正视图、侧视图分别如图 14.10（a）、图 14.10（b）所示。简易立体仓库示意图如图 14.11 所示。

上下料机械手在第一次启动时，机械手的 X 轴、Z 轴都处于原点位置。当物料暂存台二底部的传感器检测到来料时，分别控制上下料机械手 X 轴、Z 轴运动的两台步进电机启动，通过减速轮组带动同步带上的滑台移动，从而使上下料机械手运动到物料暂存台二的正前方。在 X轴、Z 轴均到达取料位置后，双轴伸缩气缸伸出，气动手指夹紧物料，完成取料。然后上下料机械手再分别沿 X 轴右移、沿 Z 轴上移，在到达指定库位后，气动手指张开放料，放料完成后，双轴伸缩气缸伸出复位，则此次物料自动入库流程结束，等待下次取料信号。上下料机械手的工作流程如图 14.12 所示。

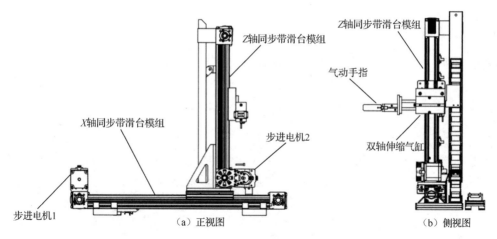

图 14.10　上下料机械手示意图

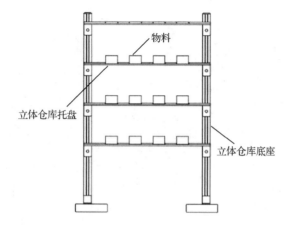

图 14.11　简易立体仓库示意图

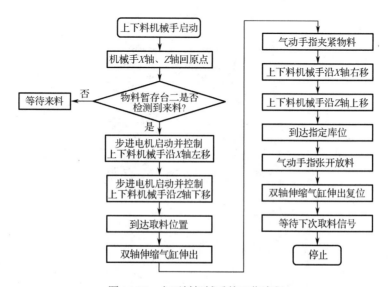

图 14.12　上下料机械手的工作流程

14.2.4 实验硬件介绍

控制系统的硬件设计与选型是进行控制系统设计的基础。物料分拣实训平台的硬件主要由 PLC、传感器、触摸屏、机械手及电机等组成。对上述硬件进行合理设计与选型可以提高设备的整体性能，降低设备的开发成本，从而更好地服务于教学实训工作。

1. PLC

PLC 是应用于工业控制领域的设备，其主要由中央处理器（CPU）模块、电源模块、输入/输出模块、内存模块及一些常见扩展模块组成，其硬件结构如图 14.13 所示。

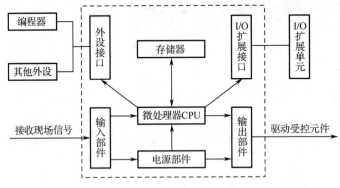

图 14.13　PLC 的硬件结构

S7-1200 PLC（见图 14.14）作为本实验的主要控制器，控制器均采用 PROFINET 工业以太网进行通信，本实验使用的主机为 CPU-1214 系列控制主机。该控制器为西门子公司主推的中小型工业控制 PLC，现已广泛应用于工业控制的各个领域。CPU 1214C、紧凑型 PLC 控制器带有 1 个 PROFINET 通信端口，集成输入/输出：14 路直流输入，10 路输出，2 个模拟量输入 0～10VDC 或 0～20MA。工作单元由一台 PLC 承担控制任务，多台实训装置可进行组合，从而实现小型网络化的控制。

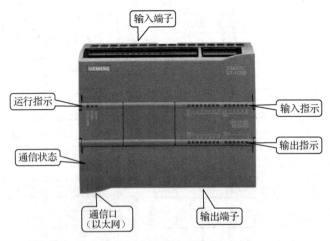

图 14.14　S7-1200 PLC

S7-1200 PLC 输入端子的漏型接法、源型接法分别如图 14.15（a）和图 14.15（b）所示。

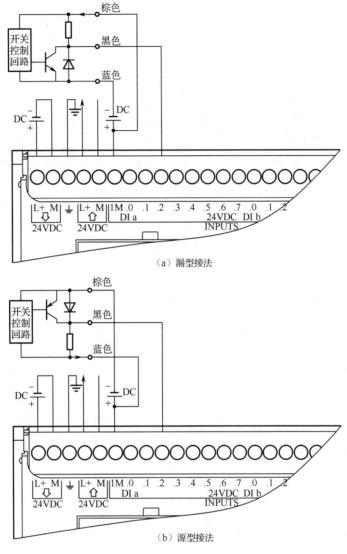

图 14.15　S7-1200 PLC 输入端子接线图

2. 传感器

在本实验中，传感器主要用于检测来料及判断物料的颜色、材质等属性。要想设计一个稳定性高且识别准确率高的分拣系统，对传感器进行合理选型是极为重要的一步。在本实验中，选择的传感器件应尽量满足价格低、功能适用、检测重复准确率高、性能稳定等要求。

本实验主要针对经过喷砂阳极氧化工艺的银色金属棒料、未经过喷砂阳极氧化工艺的同种金属棒料、白色尼龙棒料，三种物料分别如图 14.16（a）、图 14.16（b）、图 14.16（c）所示。

在三种待识别物料中，有两种物料的材质都是金属，故可采用电感式传感器来检测、识别金属物料。由于两种金属物料采用了不同的工艺进行处理，导致它们表面呈现的光泽不一样，即呈现出的颜色不一样，故要实现对两种金属物料的检测，选择合适的颜色传感器即可。市场上的颜色检测传感器也有很多种，包括光电、光纤和专业的颜色检测传感器。由于两种金属物料的色差并不是特别大，故考虑到识别精度与准确性，综合分析后选择光纤传感器即可满足检测要求。对于最后一种待检测尼龙棒料，由于整个系统中需要检测的物料共三种，且其中两种

153

均已被检测出来，故只需选择一种传感器，就可以判断有没有料经过，以此来降低整个系统的开发成本。综合分析下，选用成本较低、结构简单且稳定性较高的电容式传感器可以满足检测要求。

（a）经过喷砂阳极氧化　　（b）未经过喷砂阳极氧化　　（c）白色尼龙棒料
　　工艺的银色金属棒料　　　　工艺的同种金属棒料

图 14.16　本实验研究针对的三种物料

3．触摸屏

在实际生产中，触摸屏常用作与可编程控制器之间的交互设备。由于前文已经选择了西门子公司生产的 PLC，故考虑到通用性及兼容性等因素，本实验选用西门子 TP700 系列触摸屏，该触摸屏可在博途软件中完成组态。其主要规格参数有：7 寸面板，12MB 用户内存，额定电压为 24VDC，额定功率为 17W。

4．机械手

图 14.17　Dobot Magician
机械手外观示意图

选用越疆的 Dobot Magician 机械手，该型机械手是一款桌面级智能机械手，广泛应用于各种工程教育及工程竞赛中。其最大负载为 500g，最大伸展距离为 320mm，重复定位精度为 0.2mm，支持示教再现、脚本控制、视觉识别等功能，还具有丰富的 I/O 扩展接口（20 个 I/O 复用接口），供用户二次开发使用。支持多种通信方式，如 USB、Wi-Fi、蓝牙等。故本实验选用该款机械手，完成对来料的转运，其外观示意图如图 14.17 所示。

5．电机

1）步进电机

本实验选用 JK57HS56-2804 系列步进电机，其步距角为 1.8°，静力矩为 1.26N·m，转子惯为 $0.28 \times 10^{-4} \mathrm{kg} \cdot \mathrm{m}^2$，其实物图如图 14.18（a）所示，外形尺寸图如图 14.18（b）所示。

2）伺服电机

本实验选用合信的 CISD M16-B2012-M100 系列伺服电机，其额定转矩为 0.64N·m，转子惯量为 $0.17 \times 10^{-4} \mathrm{kg} \cdot \mathrm{m}^2$，其实物图、外形尺寸图分别如图 14.19（a）和图 14.19（b）所示。

3）直流电机

本实验选用的直流电机型号是宁波中大力德的 Z2D15-24GN-2GN50K，配减速器，减速比为 50：1，其实物图如图 14.20（a）所示，外形尺寸图如图 14.20（b）所示，电机接线图如图 14.20（c）所示。该型电机采用纯铜线圈，具有大力矩、噪声低、经久耐用（电刷寿命高达 2000h）、摩擦力小、功耗低及稳定性强等特点，应用范围广泛，其功率为 15W，负载转数为 3000r/min。

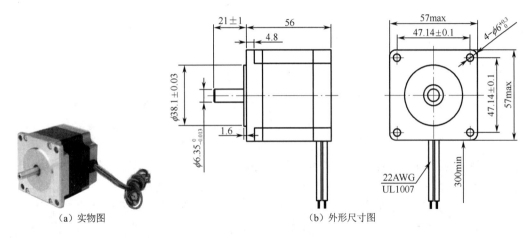

（a）实物图 （b）外形尺寸图

图 14.18 JK57HS56-2804 系列步进电机的实物图与外形尺寸图

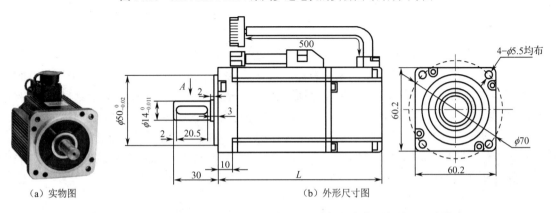

（a）实物图 （b）外形尺寸图

图 14.19 CISD M16-B2012-M100 系列伺服电机的实物图与外形尺寸图

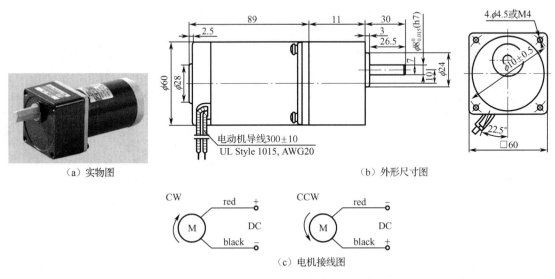

（a）实物图 （b）外形尺寸图

（c）电机接线图

图 14.20 Z2D15-24GN-2GN50K 直流电机的实物图、外形尺寸图和电机接线图

本页未说明单位的数值的单位均为 mm。

14.2.5 实验步骤

1. 自动模式

在自动模式下，由上料模块供料，皮带送料至传输线模块中部的传感器检测与分拣单元，分别利用光纤传感器、电感式传感器、电容式传感器对本实验提供的三种物料（经过喷砂阳极氧化工艺的金属棒料、未经过喷砂阳极氧化工艺的同种金属棒料、白色尼龙棒料）进行识别，识别结果将反馈给 PLC，由 PLC 控制电磁阀的通断，从而驱动单轴推料气缸向前伸出，将物料推入对应的分拣料仓中（合格品将被推入物料暂存台一），完成分拣作业。Dobot 机械手将物料暂存台一上的已完成喷砂阳极氧化的金属棒料（视为合格品）重新搬运至皮带传输线中后段，物料继续往后传输至皮带末端，直至被皮带末端的光电传感器感应到，再通过桁架机械手和上下料机械手将该物料搬运至简易立体仓库中程序设定好的库位中。

2. 手动模式

在手动模式下，可在触摸屏上对各个模块进行单独控制。对上料模块的双轴推料气缸进行伸出与回原点控制。对传输线模块的直流电机进行启动、停止控制。对传感器检测与分拣单元的三个单轴推料气缸分别进行伸出，回原点控制。通过给定一个速度，对桁架机械手的 X 轴滑台进行左移、右移及回原点控制；对升降气缸进行伸出或者回原点控制，对气动手指进行张开、夹紧物料等控制。通过给定一个速度，分别对上下料机械手的 X 轴、Z 轴滑台进行左移、右移，上移、下移以及回原点控制；对双轴伸缩气缸进行伸出及回原点控制、对气动手指进行张开、夹紧物料控制。

14.3 思考与作业

（1）简述物料分拣使用 PLC 控制的优势。

（2）提交编写的 PLC 控制程序。

（3）简述项目作业中遇到的问题及解决方案。

第15章 工业机器人应用项目

15.1 项目目标

（1）巩固和扩充课堂讲授的理论知识；
（2）掌握工业机器人的组成与自由度概念并了解各类机器人；
（3）掌握工业机器人的结构与电气控制原理。

15.2 项目内容

15.2.1 工业机器人简介

工业机器人是一种用于替代或辅助人类完成重复、烦琐或危险工作的自动化设备，如图 15.1 所示。它们通常由机械结构、电气系统和控制系统组成，能够按照预定程序执行各种工作任务。工业机器人具有以下特点。

（1）多关节灵活性：工业机器人多关节结构能够模仿人类的运动，具有灵活性和可编程性，从而能够适应不同的工作场景和任务。

（2）自动化操作：工业机器人可以根据预设的程序自动执行任务，无须人工干预，提高了生产效率和工作质量。

（3）高精度和可靠性：工业机器人具有精确的运动控制能力，能够在亚毫米级别准确定位和操作。其结构稳定，工作可靠，能够确保高质量的生产。

（4）安全性和人机合作：工业机器人通常具有安全防护装置，如传感器和急停装置，以确保人员的安全。

目前，工业机器人的发展趋势是向智能化和柔性化方向发展。智能化使工业机器人具备学习和自适应能力，能够根据环境和任务要求做出智能决策；柔性化使工业机器人更灵活地适应不同的需求和变化的生产环境。这些发展趋势将进一步推动工业机器人在制造业的应用和发展。

图 15.1 现代工业机器人

15.2.2 仿真训练

1. 运行教学软件

本次仿真训练使用 FMS 虚拟仿真系统，仿真系统由学生通过输入学号和密码进行登录，用户名一行输入学号，密码初始值由老师设定，然后单击"登录"按钮，如图 15.2 所示。

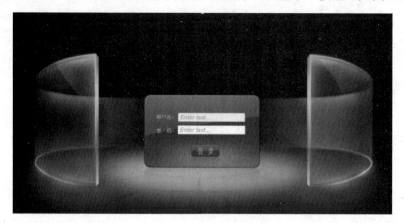

图 15.2　登录界面

2. 仿真系统主场景

FMS 虚拟仿真系统是将柔性制造系统 1∶1 地呈现在用户面前，以任务的形式让用户熟悉整个柔性制造系统。在登录完毕后，用户可以单击场景中的 NPC 老师，接取任务，如图 15.3 区域 1 所示，单击区域 2 弹出主菜单，如图 15.4 所示。

图 15.3　总体界面

| 设备界面 | 立库自动界面 | 信息监控界面 | 集成配置 | 系统设置 |

图 15.4　主菜单界面

设备界面如图 15.5 所示，在信息监控界面可以看到各类设备运行信息，如图 15.6 所示。

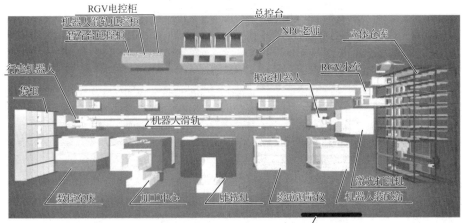

图 15.5　设备界面

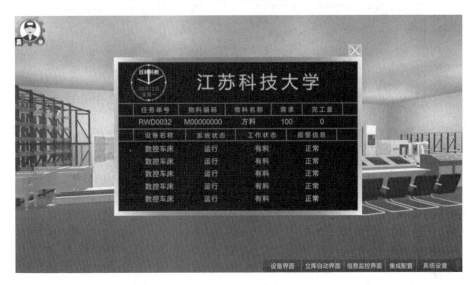

图 15.6　信息监控界面

单击菜单界面的设备界面弹出设备信息，如图 15.7 所示。本次工业机器人实训项目主要包括机器人滑轨仿真、行走机器人仿真、机器人装配站仿真与搬运机器人仿真。

| 立体仓库 | RGV | 机器人 | 机器人滑轨 | 激光打标机 | 影像测量仪 | 机器人装配站 |

图 15.7　设备信息

3．机器人滑轨仿真系统

行走至机器人滑轨旁，单击机器人滑轨控制柜，弹出机器人滑轨界面，如图 15.8 所示。
打开机器人滑轨操作面板后，进行以下操作。
第一步：拔起急停按钮，解除机器人滑轨报警；
第二步：将【手/自动】旋钮旋转至自动状态；
第三步：按下【启动】按钮，启动机器人滑轨，如图 15.9 所示。

图 15.8　机器人滑轨仿真系统

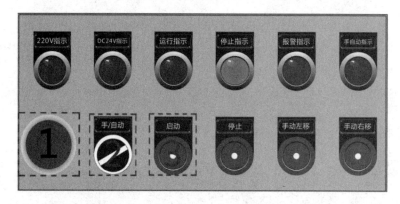

图 15.9　机器人滑轨操作面板

4．行走机器人仿真系统

如图 15.10 所示，行走到行走机器人电控柜前，单击行走机器人电控柜，弹出行走机器人电控柜操作界面。

图 15.10　行走机器人仿真展示

打开行走机器人电气柜操作面板后，进行以下操作。

第一步：将【启动】旋钮旋转至 ON，开启机器人；

第二步：将【手/自动】旋钮旋转至自动 REPEAT 模式，如图 15.11 所示。

图 15.11　行走机器人操作面板展示

5. 机器人装配站仿真系统

行走到机器人装配站处，单击机器人装配站，弹出机器人装配站操作界面，如图 15.12 所示。

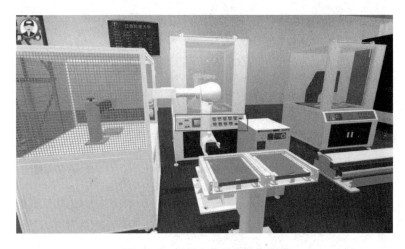

图 15.12　机器人装配站操作界面

打开机器人装配站操作面板后，进行以下操作。

第一步：向上开启开关，启动机器人装配站电源；

第二步：拔起急停按钮，解除机器人装配站报警；

第三步：按下【启动】按钮，启动机器人装配站；

第四步：按下【启动使能】按钮，启动机器人，如图 15.13 所示。

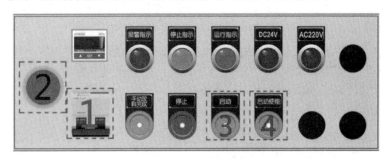

图 15.13　机器人装配站操作面板

6. 搬运机器人仿真系统

行走到搬运机器人电控柜前，单击搬运机器人电控柜，弹出搬运机器人电控柜操作界面，如图 15.14 所示。

图 15.14　搬运机器人电控柜操作界面

打开搬运机器人电气柜操作面板后，进行以下操作。

第一步：将【启动】旋钮旋转至 ON，开启机器人；

第二步：将【手/自动】旋钮旋转至自动 REPEAT 模式，如图 15.15 所示。

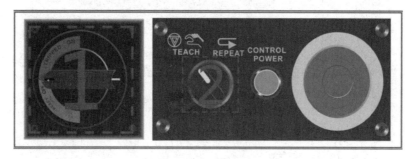

图 15.15　搬运机器人操作面板

15.2.3　机器人仿真实训

1. 任务领取

单机任务主要是由系统后台自动发布，分为立体仓库单机、RGV 小车单机、机器人单机、机器人滑轨单机、影像测量仪单机、激光打标机单机、机器人装配站单机大部分，可以通过在场景中对各个设备的操作界面进行操作来使模型进行相应的运动。

（1）单击任务 NPC 打开主任务界面，如图 15.16 所示。

（2）接受单机任务后，用户从主菜单打开设备界面，跳出设备界面二级菜单，从而进行选择并打开相应的设备面板。

（3）选择相应的设备进行单机操作后，用户需要行走至相应设备处，根据操作提示进行设备的单机操作。

图 15.16　主任务界面

2．机器人实训案例

（1）机器人实训任务为机器人 6 轴旋转，如图 15.17 所示。

图 15.17　机器人实训任务界面

领取机器人 6 轴旋转任务后，用户需行走至机器人 2 处打开菜单栏设备界面的机器人界面，如图 15.18 所示。

图 15.18　机器人 6 轴旋转实训任务界面

第一步：在菜单栏，打开设备界面的机器人界面，按下右侧【启动使能】按钮，解除易防护装置，将机器人示教器左上角【手/自动】旋钮旋转至手动状态；

第二步：单击机器人示教器右侧 6 轴按钮，操作行走机器人，观察机器人的 6 轴旋转变化。用户需要将 6 轴全部操作后才可以提交任务，如图 15.19 所示。

图 15.19　机器人 6 轴旋转实训任务完成

（2）机器人滑轨单机任务为任务界面上的机器人滑轨运行任务，如图 15.20 所示。

图 15.20　机器人滑轨运行实训任务界面

领取机器人滑轨运行任务，打开任务查询界面，查看任务要求，如图 15.21 所示。

图 15.21　机器人滑轨运行任务查询界面

根据任务要求，在菜单栏，打开设备界面的机器人滑轨界面，保持机器人滑轨报警解除，将【手/自动】旋钮旋转至手动状态，按下【启动】按钮，启动机器人滑轨，操作机器人滑轨界面的【手动左移】和【手动右移】按钮，使机器人移动至目标工位，如图 15.22 所示。

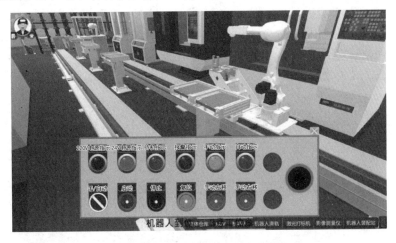

图 15.22　机器人滑轨运行实训仿真界面

机器人移动至目标工位台，下方出现提示性文字，提醒用户完成任务，如图 15.23 所示。

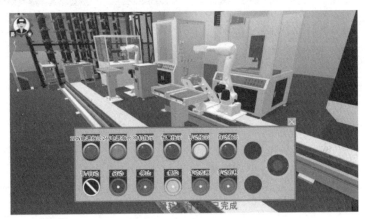

图 15.23　机器人滑轨运行实训任务完成界面

（3）机器人装配站任务界面如图 15.24 所示。

图 15.24　机器人装配站任务界面

领取机器人装配站任务后，在菜单栏，打开设备界面的机器人装配站界面。

第一步：按下机器人装配站开关，开启机器人装配站电源；

第二步：按下报警按钮，解除机器人装配站报警；

第三步：按下【启动使能】按钮，按下【启动】按钮，启动机器人装配站；

第四步：按下【手动放料完成】按钮，点击机器人装配站触摸屏或单击【切换】按钮，打开机器人装配站触摸屏界面；

第五步：按下【启动】按钮，机器人装配站自动开始装配，如图 15.25 所示。

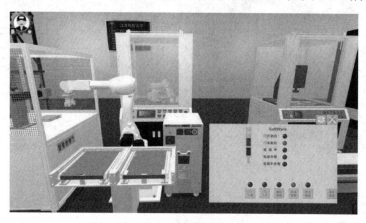

图 15.25　机器人装配站仿真界面

3. 机器人电气系统仿真实训

智能制造系统电气集成的目的是让学生跟随任务向导，熟悉 FMS 各设备的电路、气路等回路连接。它包括以下三个任务。

任务一：工业机器人夹具。

任务二：工业机器人与 PLC。

任务三：工业机器人与 CNC 数控机床。

（1）进入系统后，单击【任务一】按钮，进入任务一"工业机器人夹具"界面，如图 15.26 所示。

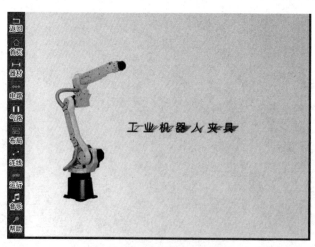

图 15.26　"工业机器人夹具"界面

（2）单击左边的【器材】按钮可进入器材界面，该界面显示的是任务一的应用器材，将鼠标放到器件上查看器件名称按下【查看端点名称】按钮，如图 15.27 所示。

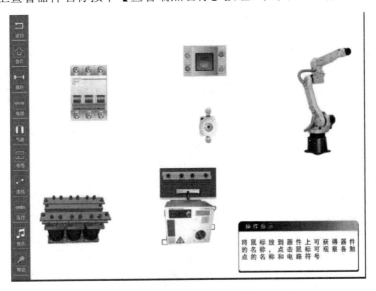

图 15.27　机器人电气系统仿真界面

（3）单击左边的【电路】按钮可进入电路界面，该界面显示的是任务一的电路，将鼠标放到原理图的器件符号上查看器件名称和作用，如图 15.28 所示。

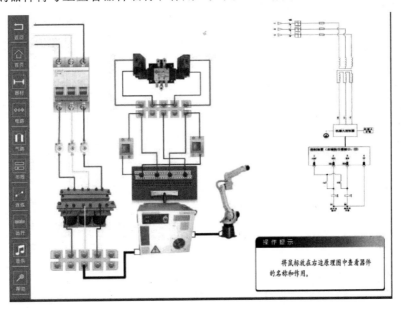

图 15.28　机器人电路系统仿真界面

（4）单击左边的【气路】按钮可进入气路界面，该界面显示的是任务一的气路，将鼠标放到原理图的器件符号上查看器件名称和作用，如图 15.29 所示。

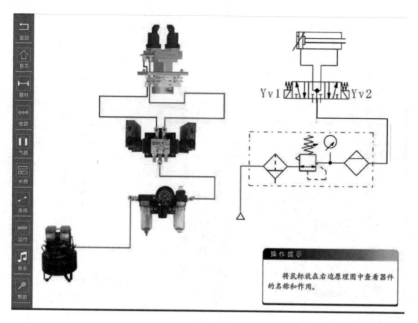

图 15.29　机器人气路系统仿真界面

（5）单击左边的【布局】按钮可进入布局界面，该界面显示的是任务一的布局，拖曳器材库中的器材，并将其放到正确的位置，如图 15.30 所示。

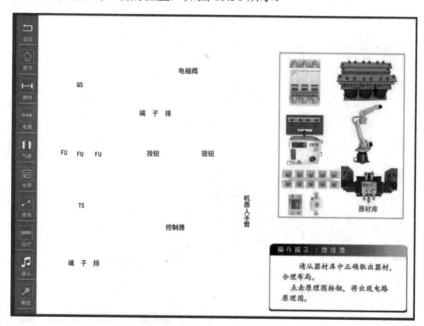

图 15.30　机器人布局界面

（6）单击左边的【连线】按钮可进入连线界面，该界面显示的是任务一的线路连接，根据原理图上的线路闪烁提示依次连接实物图，如图 15.31 所示。

（7）单击左边的【运行】按钮可进入运行界面，该界面显示的是任务一的运行，根据操作提示按下空开开关和相关按钮让电路运行，如图 15.32 所示。

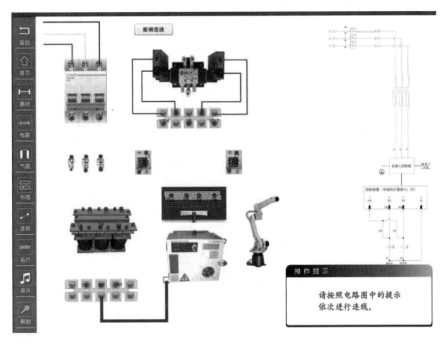

图 15.31　机器人连接界面

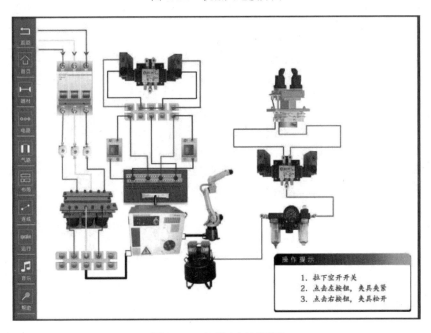

图 15.32　机器人运行界面

15.3　思考与作业

（1）阐述工业机器人在智能制造中的作用。

（2）在 FMS 虚拟仿真系统中完成机器人运动相关操作。

（3）阐述工业机器人运行流程，按照工业机器人电气原理完成接线。

反侵权盗版声明

电子工业出版社依法对本作品享有专有出版权。任何未经权利人书面许可，复制、销售或通过信息网络传播本作品的行为，歪曲、篡改、剽窃本作品的行为，均违反《中华人民共和国著作权法》，其行为人应承担相应的民事责任和行政责任，构成犯罪的，将被依法追究刑事责任。

为了维护市场秩序，保护权利人的合法权益，我社将依法查处和打击侵权盗版的单位和个人。欢迎社会各界人士积极举报侵权盗版行为，本社将奖励举报有功人员，并保证举报人的信息不被泄露。

举报电话：（010）88254396；（010）88258888

传　　真：（010）88254397

E-mail： dbqq@phei.com.cn

通信地址：北京市海淀区万寿路 173 信箱
　　　　　电子工业出版社总编办公室

邮　　编：100036